PRESENTAZIONE

Il calcestruzzo è stato il più importante materiale da costruzione del XX secolo e sicuramente, continuerà a rivestire un ruolo di primaria importanza anche nei prossimi anni. Il perché di questo è da ricercarsi nella continua evoluzione che il calcestruzzo ha avuto nel tempo, in particolare negli ultimi trenta anni, durante i quali l'attenzione di scienziati e ricercatori si è focalizzata, prima sulle caratteristiche meccaniche di questo materiale, e poi sulla durabilità delle strutture in calcestruzzo. L'attuale frontiera della ricerca è la produzione di calcestruzzi ad elevate prestazioni ponendo, però, particolare attenzione alla loro capacità di essere messi in opera con semplicità, ecco allora che nasce, prima in Giappone, poi in Canada, USA, Francia, Svezia, Olanda, Germania e poi in Italia, il calcestruzzo autocompattante (Self Compacting Concrete o SCC). In questo libro vengono riportate le fasi evolutive di questo straordinario materiale quale l' SCC, mettendo altresì in evidenza le varie ricerche e sperimentazioni condotte nei vari paesi menzionati precedentemente. Grazie alla collaborazione dei maggiori produttori di calcestruzzo in territorio nazionale (Calcestruzzi s.p.a. del gruppo Italcementi, Colabeton, Romana Calcestruzzi, MAC s.p.a.), è stato possibile affrontare lo studio sia tecnico che economico di detto materiale, avendo così a disposizione una varietà di materiale che permettesse di avere un quadro esaustivo sui diversi tipi di miscele offerte dai produttori e della situazione attuale della produzione di SCC. È stato svolto anche un confronto con il calcestruzzo tradizionale riguardo i metodi di produzione e le differenze sotto l'aspetto economico nei vari cantieri in Italia. Oltre ad un lavoro prettamente teorico sono stati eseguiti presso gli impianti della Romana Calcestruzzi ed in collaborazione con la MAC s.p.a. , dei test pratici per la messa a punto di alcune miscele di calcestruzzo autocompattante e la sperimentazione di additivi innovativi. L'esperienza acquisita negli anni nell'utilizzo di detto materiale ha portato negli ultimi tre anni ad un aumento considerevole dell'SCC, in particolare in quelle costruzioni ove necessitava una maggiore lavorabilità del calcestruzzo. Bisogna comunque aggiungere che detto materiale viene tutt'oggi utilizzato nei grandi cantieri infrastrutturali o aziende specializzate nella produzione di prefabbricati!

Il libro è suddiviso in cinque capitoli; il primo capitolo tratterà in particolar modo l'evoluzione del calcestruzzo, il secondo e il terzo capitolo affronteranno le problematiche tecniche e i componenti principali dell'SCC; in fine il quarto e quinto sono i capitoli in assoluto i più importanti per un progettista (e non solo); affronteranno i problemi sui costi di produzione e i metodi di applicazione di detto materiale. I limiti e le potenzialità dei materiali innovativi da sempre ha portato il tecnico a considerarne solo i limiti, questo accade molto spesso, facendo affidamento all'utilizzo di materiali convenzionali quale il calcestruzzo ordinario, giustificando i maggiori costi che si potrebbero avere nell'utilizzo dell'SCC, ma dalle esperienze condotte nei vari cantieri è emerso che i maggiori costi iniziali vengono recuperati dalla velocità di esecuzione con un risparmio considerevole della manodopera.

Il seguente volume è stato completamente elaborato dal ing. Gentile Valter con la collaborazione dell'amico e collega ing. Enrico Morlungo, frutto delle esperienze acquisite nei cantieri di detto materiale e nella scrupolosa ricerca e sperimentazione adottata negli ultimi anni.

Capitolo I

L' EVOLUZIONE DEL CALCESTRUZZO

DURABILITA'

1.1.1 Il concetto di durabilità

La durabilità viene espressa come "attitudine di un opera a sopportare agenti aggressivi di diversa natura mantenendo inalterate le caratteristiche meccaniche e funzionali".

Contrariamente a quanto si può pensare, il calcestruzzo è un materiale facilmente degradabile poiché poroso e quindi soggetto agli agenti atmosferici, non solo sulla sua superficie ma anche in profondità. Il 42% del degrado delle strutture attuali, da un'indagine effettuata su 139 strutture degradate, risulta essere attribuibile al cattivo confezionamento del calcestruzzo realizzato in modo scadente, con materiali non sempre idonei e facilmente attaccabili chimicamente, con inadeguata protezione dei ferri di armatura. Il 22% delle strutture si è degradato per problematiche nella messa in opera a causa di uno scarso controllo in questa fase o per ignoranza delle tecniche esecutive. Tutto ciò mette chiaramente in evidenza che circa i 2/3 delle cause di degrado delle strutture vanno ad imputarsi ad una cattiva confezione e messa in opera del calcestruzzo impiegato. È perciò necessario pensare e prevedere, fin dall'inizio della progettazione, opportune strategie affinché la durabilità sia almeno pari alla "vita di progetto" o comunque fino ai previsti interventi di manutenzione.

1.1.2 Le cause del degrado

Le cause di degrado delle strutture in calcestruzzo sono numerose; a grandi linee possiamo suddividerle in azioni esterne dovute principalmente alle condizioni ambientali ed azioni interne o cause intrinseche di degradazione, cioè dovute alla sua qualità.

Le azioni esterne sono in ordine di importanza:

- Penetrazione di sostanze che corrodono i ferri d'armatura;
- Attacchi chimici da parte dell'ambiente;
- Attacchi fisico-meccanici dovuti all'ambiente o al tipo di esercizio.

Le cause intrinseche di degradazione sono legate al fatto che il calcestruzzo presenta spesso dei punti deboli, a causa di una cattiva progettazione e messa in opera, che sono in particolare la sua porosità e la presenza di fessure; tra le cause intrinseche di degradazione si può considerare la presenza nella miscela di sostanze nocive, quali ad esempio aggregati reattivi o cloruri. Una proprietà importantissima del calcestruzzo è la sua permeabilità dalla quale dipende in gran parte la durabilità.

Le cause chimiche di degrado del calcestruzzo sono:

- L'attacco dei solfati;
- L'attacco dei solfuri;

- Anidride carbonica aggressiva, acidi inorganici (per PH<5 bisogna prevedere un rivestimento protettivo del calcestruzzo);
- Acidi inorganici;
- Sostanze organiche;
- Attacco dei cloruri (sui ferri di armatura), altri (sali di ammonio, magnesio, ecc.).

Le cause fisiche di degrado del calcestruzzo sono:

- Gelo-disgelo;
- Essiccazione (ritiro);
- Alte temperature.

Le cause meccaniche di degrado del calcestruzzo sono:

- Abrasione;
- Erosione;
- Cavitazione.

Le cause intrinseche del materiale sono:

- La composizione del calcestruzzo (rapporto acqua/cemento e rapporto inerte/cemento; qualità delle materie prime: cemento, inerti, acqua, additivi);
- Lavorabilità del calcestruzzo al momento del getto;
- Stagionatura del calcestruzzo dopo la messa in opera.

EVOLUZIONE DELLA LAVORABILITA'

1.2.1 Introduzione

Negli anni '70 l'avvento degli additivi, in particolar modo degli additivi superfluidificanti, ha rappresentato un notevole passo in avanti nello sviluppo della tecnologia del calcestruzzo. L'industria si è così orientata verso la produzione di calcestruzzi aventi sempre più caratteristiche di autocompattazione.

Tutto ciò però non è ancora sufficiente ai fini della durabilità delle strutture, in quanto il calcestruzzo, materiale estremamente degradabile perché attaccabile da moltissimi agenti esterni chimici e fisici, risulta incontrare ancora molte difficoltà nella sua messa in opera nei cantieri a causa di manovalanze non sempre esperte, attente e coscienziose nell'applicare tutti i canoni necessari al fine di provvedere ad una esecuzione a regola d'arte.

1.2.2 Evoluzione della normativa

Fino ai primi anni '70 il problema della durabilità delle opere in cemento armato non era uno dei temi di maggiore studio.

Durante gli anni '70 molte opere costruite circa 20 anni prima iniziano a richiedere interventi radicali di restauro; tutto questo per diversi fattori, dei quali i principali sono:

- *Evoluzione della normativa:* fino al 1939, la normativa sul cemento armato dava prescrizioni che assicuravano la durabilità, anche senza menzionarla direttamente, limitando la lavorabilità del calcestruzzo, prescrivendo il dosaggio minimo di cemento (e quindi il rapporto a/c) ed assegnando carichi di sicurezza modesti. La normativa del 1939 ha abolito queste prescrizioni portando ad un grave peggioramento della pratica costruttiva; fino a che nel 1992 è stata introdotta la prima prescrizione sulla durabilità.

- *Evoluzione della resistenza a breve termine del calcestruzzo:* la tendenza a ridurre sempre più i tempi di costruzione ha portato allo sviluppo di calcestruzzi con un rapido sviluppo della resistenza meccanica, con la conseguenza di ottenere a breve termine moduli elastici più elevati e minori deformazioni viscosi, con la conseguente tendenza alla fessurazione.

- *Cambiamento dei cementi:* I cementi utilizzati in passato erano macinati grossolanamente e quindi data la ridotta finezza, anche se sviluppavano resistenze a compressione minori, tali cementi producevano un minore calore di idratazione (notevole vantaggio).

- *Aumento dei carichi (dovuti all'incremento demografico) e fenomeni di fatica.*
- *Aumento dell'aggressività ambientale.*

Dal 1985 in poi è stato affrontato anche in Italia il problema di creare un supporto normativo al fine di costruire opere in calcestruzzo durevoli.

L'UNICEMENTO prima e poi il CEN hanno portato alla stesura di numerose norme, tra cui:

- Le raccomandazioni UNI 8981 (1985) per la realizzazione di opere in calcestruzzo durevoli;
- La norma UNI 9858 (1991) dal titolo "Calcestruzzo, prestazioni, produzione, posa in opera e criteri di conformità";
- La norma UNI ENV 1992 (1992) sulla progettazione del cemento armato che oltre a riprendere aspetti della UNI ENV 206 relativi alla durabilità, da prescrizioni relative al copriferro.

A seguito della disponibilità di norme UNI sulla durabilità, le Norme Tecniche di attuazione della Legge 1086, nel 1992, hanno introdotto un riferimento alla UNI 9858 la quale assume perciò carattere cogente.

Nell'edizione del 1996 di tali norme tecniche si introduce la possibilità di utilizzare per la progettazione l'Eurocodice 2 nel quale troviamo ampi riferimenti alla durabilità riprendendo la ENV 206.

1.2.3 Il costo della negligenza

Le motivazioni più frequenti per cui un manufatto può subire delle aggressioni esterne sono un errato confezionamento del getto e soprattutto da una non corretta messa in opera.

Questo ultimo aspetto è particolarmente sentito al giorno d'oggi nell'industria delle costruzioni, in cui si è assistito negli ultimi anni ad un peggioramento della qualità del lavoro umano a causa anche del progresso delle tecnologie, che non sempre significa semplificazione delle procedure di getto. Smantellare o restaurare un'opera in calcestruzzo sovente è molto più costoso che progettarla con gli adeguati accorgimenti.

L'avvento del calcestruzzo autocompattante rappresenta un passo notevole verso la durabilità delle strutture grazie alle sue incredibili proprietà, dalle quali scaturiscono dei vantaggi concreti per il suo confezionamento e la sua messa in opera.

I vantaggi derivanti dall'utilizzo di questo calcestruzzo sono innumerevoli ed, al fine di valutarli, comprenderli ed apprezzarli completamente, bisogna focalizzare l'attenzione anche sui problemi concreti, che sarebbero evitati grazie al suo impiego, derivanti da una cattiva messa in opera di una miscela tradizionale.

Tali problematiche, che abbiamo indicato con il nome di "costi della negligenza", sono la causa di successive contestazioni dei getti, con le conseguenze economiche che ne derivano, e sono essenzialmente imputabili ai seguenti fattori:

1. CATTIVA VIBRAZIONE, dalla quale derivano:
   - Segregazione degli aggregati;
   - Maggiori cedimenti di assestamento;
   - Oscillazioni di comportamento in fase di presa;
   - Presenza di cavità, alta permeabilità e cattiva distribuzione dei pori se la vibrazione è insufficiente;
   - Cattivo facciavista per colore, fori e risalite di acqua;
   - Cattiva impermeabilità data dalla presenza di zone acquose attorno agli aggregati;
   - Scarsa qualità della "pelle del calcestruzzo";
   - Disomogeneità che comporta variazioni di resistenza;
   - Vespai;
   - Giunti freddi.

2. RETEMPERING, dal quale derivano:
   - Innalzamento del rapporto acqua/cemento e quindi riduzione delle resistenze;
   - Minore coesività;
   - Bassa omogeneità;
   - Scarsa durabilità;
   - Cattiva lavorabilità.

3. CATTIVO UTILIZZO DEI CASSERI, dal quale derivano:
   - Maggiore perdita di biacca dalle casseforme a causa di una non corretta sigillazione dei casseri;
   - Cattivo facciavista derivante dall'uso disomogeneo del disarmante.

1.2.4 Ricerca della lavorabilità estrema

I moderni calcestruzzi autocompattanti rappresentano l'esasperazione tecnologica delle due più importanti proprietà: la fluidità e l'assenza di segregazione. In aggiunta viene introdotto il concetto di "capacità di passare" (*passing ability*) attraverso passaggi ridotti quali, per esempio, gli spazi tra le armature metalliche.

La fluidità diventa cosi "spinta" che l'abbassamento al cono di Abrams (*slump*) è così elevato (maggiore di 260 mm) da non essere più significativo; si richiede, pertanto, la misura del diametro di calcestruzzo sformato dal cono (*slump-flow*) che deve raggiungere valori di almeno 600 mm. Si registra anche il tempo impiegato a raggiungere il valore di 500 mm e/o il valore finale del diametro. Il valore dello *slump-flow* indica la deformabilità del calcestruzzo autocompattante (cioè quanto lontano può fluire il calcestruzzo rispetto al punto di getto), mentre il tempo impiegato per raggiungere 500 mm di diametro o il valore finale dello *slump-flow* indica la velocità di deformazione, cioè la mobilità.

L'assenza di segregazione e *bleeding*, anche con una fluidità molto elevata (*slump-flow* > 800 mm), è conseguita con l'ausilio di prodotti coesivizzanti molto efficaci: la silice amorfa colloidale ed il fumo di silice, prodotto inorganico largamente impiegato anche in passato nel settore delle malte tixotropiche industriali, e soprattutto gli agenti modificatori di viscosità di natura organica. Questi rappresentano indubbiamente il progresso più significativo per conseguire la massima stabilità, viscosità e coesione dei calcestruzzi autocompattanti in riposo (assenza di segregazione), e di elevata fluidità degli stessi calcestruzzi in movimento per caduta libera o per movimentazione nella pompa.

Il calcestruzzo autocompattante rappresenta in assoluto la risposta concreta ai problemi della durabilità, grazie ai benefici che si traggono dal suo utilizzo.

Nella fase fresca il calcestruzzo autocompattante garantisce un'alta scorrevolezza, un'alta resistenza alla segregazione e si mette in opera senza essere vibrato.

Esso risolve inoltre situazioni difficili, quali ad esempio i getti di elementi aventi spessore sottile, oppure che presentano armature congestionate o forme complesse dei casseri; in tali condizioni se talvolta l'uso dei vibratori è possibile, è comunque molto difficile e non garantisce buoni risultati.

Nella fase di presa il calcestruzzo autocompattante elimina la fase di assestamento plastico favorendo un'alta resistenza alla fessurazione ed evitando i difetti iniziali.

Nella fase di indurimento il calcestruzzo autocompattante garantisce una bassa permeabilità ed un'alta protezione dagli agenti esterni; diventa quindi un calcestruzzo durevole.

Grazie a questa nuova tecnologia garantiremo le nostre opere negli anni, proteggendole dai vari problemi che potrebbero minarne la stabilità, assicurando un risparmio di risorse ed una migliore condizione lavorativa per gli addetti del settore.

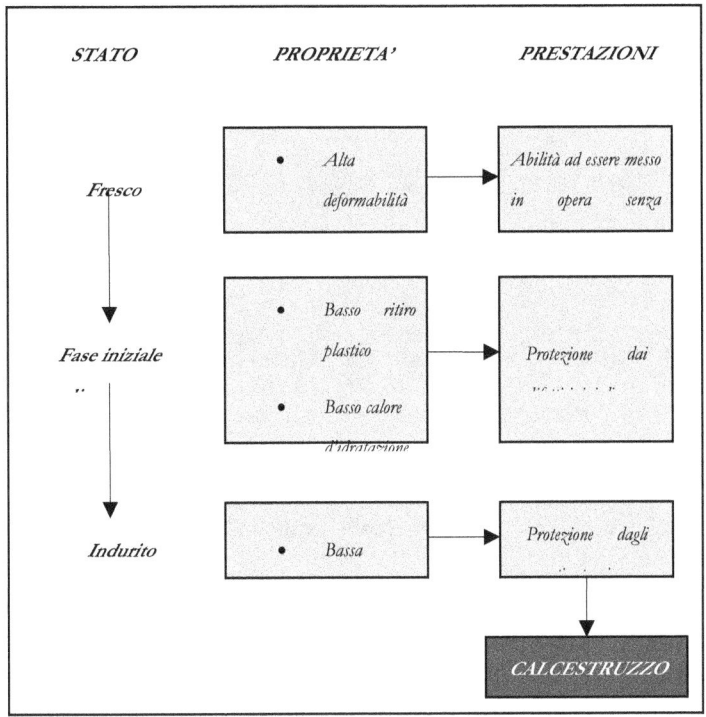

FIG 1

Elenchiamo ora brevemente i vantaggi più interessanti e significativi che l'impiego del calcestruzzo autocompattante può portare a diverse categorie di utilizzatori e cioè i committenti ed i progettisti, i prefabbricatori, i preconfezionatori e le imprese.

I vantaggi per il progettista ed il committente sono:

- Elevate prestazioni;
- Curabilità;
- Innovazione delle forme.

I vantaggi per il preconfezionatore sono:

- Alta qualità del prodotto e del servizio offerto;
- Riduzione delle ricette e dei controlli;
- Lunghi tempi di slump retention;
- Ottimizzazione delle attrezzature.

I vantaggi per il prefabbricatore sono:

- Ottimo facciavista;
- Eliminazione delle vibrazioni;
- Velocità di esecuzione;
- Migliori prestazioni del materiale.

I vantaggi dell'impresa sono:

- Risparmio economico in manodopera e vibratori;
- Risoluzione delle problematiche di cantiere;
- Velocità di esecuzione;

- Maggiore qualità del prodotto;
- Riduzione delle malattie professionali.

1.3 STORIA E SVILUPPO DELL SCC IN "GIAPPONE"

1.3.1 Introduzione

Per diversi anni a partire dagli anni '60 il problema della durabilità fu uno dei maggiori argomenti di interesse in Giappone; per avere delle strutture durevoli la manovalanza doveva garantire un sufficiente tempo di vibrazione dei getti messi in opera.

Tuttavia la graduale riduzione del numero degli operai specializzati impiegati nell'industria delle costruzioni giapponese portò anche ad una graduale riduzione della qualità del lavoro e quindi dei manufatti.

A) *MANODOPERA SPECIALIZZATA*

B) **SELF-COMPACTING CONCRETE**

C) *STRUTTURE DUREVOLI IN CALCESTRUZZO*

Il prototipo del Self-Compacting Concrete fu completato per la prima volta nel 1988 usando materiali reperibili sul mercato.

Tale calcestruzzo venne denominato "High performance concrete" definendolo come:

- Autocompattante allo stato fresco
- Mancante dei tipici difetti allo stato iniziali
- Protetto dagli agenti esterni e quindi durevole allo stato indurito

Quasi allo stesso tempo il nome "High performance concrete" fu dato ad un altro tipo di calcestruzzo con alta durabilità dovuta ad un basso rapporto acqua-cemento da Aitcin et. Al.

Il nome allora del nostro calcestruzzo fu cambiato in "Self-compacting high performance concrete" e successivamente in "Self-compacting concrete".

1.3.2 Convegni mondiali

Il primo documento sul calcestruzzo autocompattante fu presentato da Ozawa all'ESAC-2, la seconda "East-Asia and Pacific Conference on Structural Engeneering and Construction", nel gennaio 1989.

Il passo successivo fu la presentazione del Self-Compacting Concrete al CAMMET & ACI International Conference ad Istambul nel maggio 1992, sempre per merito del prof. Ozawa; seguì l'ACI workshop nel novembre 1994 a Bangkok, sponsorizzato dal prof. Zia, attraverso il quale il Self-Compacting Concrete diventò conosciuto tra i ricercatori ed ingegneri di tutto il mondo interessati alla durabilità del calcestruzzo ed alla razionalizzazione delle metodologie di costruzione.

Dopo questo varie ricerche partirono in tutto il mondo.

Nel 1996 il prof. Okamura fu realizzatore del Ferguson Lecture at ACI Fall Convention in New Orleans, che diffonde la conoscenza del soggetto fra i ricercatori in America.

Nel gennaio 1997 fu fondato il comitato del RILEM che tratta il calcestruzzo autocompattante.

Nell'agosto del 1998 ebbe luogo in Kochi, Giappone, il primo workshop a proposito di Self-Compacting Concrete e successivamente, nel1999 fu organizzato il First International RILEM Simposium in Stoccolma, che gettò le basi per una collaborazione ed un confronto a livello mondiale su questo tema così importante.

Sono seguiti poi i RILEM dell'ottobre 2001 ed agosto 2003. Riassumendo:

EASEC-2 (Singapore)	Gennaio 1989
CAMMET & ACI (Istanbul)	Maggio 1992
ACI workshop (Bangkok)	Novembre 1994
ACI Fall Convention (New Orleans)	Novembre 1996
Fondazione RILEM	Gennaio 1997
1° workshop sul Self-Compacting Concrete (Kochi)	Agosto 1998
1° International RILEM Simposium (Stoccolma)	Settembre 1999
2° International RILEM Simposium (Tokio)	Ottobre 2001
3° International RILEM Simposium (Iceland)	Agosto 2003

1.3.3 Comitati di lavoro

Il Self-Compacting Concrete fu usato inizialmente come un calcestruzzo speciale e solo da grandi imprese di costruzioni in Giappone.

Lo scopo però di questo tipo di materiale non è questo, ma quello di diventare un calcestruzzo tradizionale, che sia possibile impiegare in qualsiasi tipo di costruzione.

A questo riguardo molti comitati lavorano al fine di raggiungere questo obiettivo:

- ***EFNARC*** è federazione Europea dedicata alla specializzazione dei materiali chimici per costruzione e calcestruzzo; fondata nel 1989 è rappresentata da produttori ed applicatori dei materiali da costruzione.

- ***RILEM*** è un'associazione tecnica non profit, che contribuisce al progresso della scienza delle costruzioni; le sue attività hanno come obiettivo lo sviluppo della conoscenza delle proprietà dei materiali e delle performance delle strutture, definendo metodi di prova e misura unificati in laboratorio e sul campo.

1.3.4 Metodi per ottenere l'autocompattabilità

Il metodo che Okamura e Ozawa impiegarono per ottenere l'autocompattabilità è basato sia sull'alta deformabilità della pasta o malta, sia che sulla resistenza alla segregazione tra aggregato grossolano e la malta quando il calcestruzzo fluisce nelle zone confinate dalle barre di rinforzo (fig. 2):

La frequenza di collisione e di contatto tra le particelle può aumentare al diminuire della distanza relativa tra le particelle stesse e lo stress interno può aumentare quando il calcestruzzo è deformato, in particolare vicino agli ostacoli. È stato rilevato che l'energia richiesta per il flusso è consumata grazie all'aumento dello stress interno derivante dal bloccaggio delle particelle dell'aggregato. Limitando il contenuto dell'aggregato grossolano ad un livello più basso delle normali proporzioni si riesce

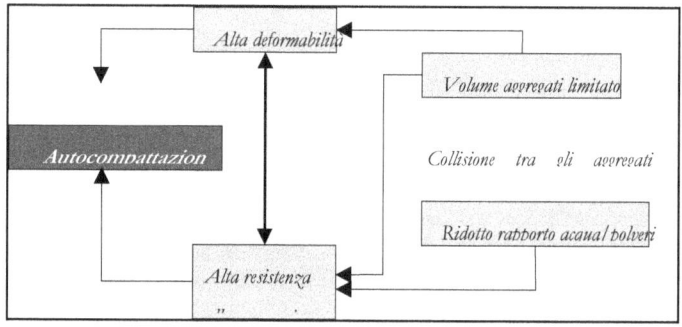

effettivamente ad evitare questo tipo di bloccaggio.

È richiesta inoltre una buona viscosità della pasta per evitare il blocco del grossolano quando il calcestruzzo trova ostacoli nel fluire. Quando il calcestruzzo è deformato la pasta con alta viscosità previene anche l'aumento localizzato dello stress interno dovuto all'avvicinamento delle particelle dell'aggregato grossolano. La coesistenza dell'alta deformabilità e dell'alta viscosità, si può ottenere solo con l'impiego di superfluidificanti dal quale deriva un basso rapporto acqua/polvere della pasta.

1.3.5 Applicazioni presso grandi compagnie di costruzione

Intense ricerche sono state intraprese in diversi luoghi in particolar modo nell'istituto di ricerca delle grandi compagnie di costruzione.

La prima applicazione dell'SCC fu nel 1991 nelle torri di un ponte in calcestruzzo precompresso. Calcestruzzo autocompattante leggero fu usato nel 1992 nella trave principale di un ponte sospeso.

L'SCC venne anche usato nelle costruzioni in larga scala al fine di abbreviarne il periodo di costruzione. Uno dei tipici esempi è il ponte di Akashi-Kaikyo, con la più lunga sospensione del mondo, aperto nell'aprile del 1998, i cui due ancoraggi furono costruiti appunto in SCC. Un nuovo sistema di costruzione, che sfruttasse in pieno le performance dell'SCC, fu introdotto in occasione della realizzazione di questa opera: il calcestruzzo venne mescolato vicino al luogo di costruzione e pompato fuori dall'impianto, venne trasportato per 200 m con dei condotti fino al sito di getto dove tali condotti furono sistemati con una spaziatura di 3-5 m l'uno dall'altro. La grandezza massima dell'aggregato usato fu di 40 mm. Non si ebbe segregazione nonostante la grande taglia del grossolano. Dall'analisi finale risulta che il tempo risparmiato per la costruzione degli ancoraggi fu del 20%, corrispondente a circa 2-2,5 anni.

L'SCC fu inoltre impiegato per la realizzazione del muro di un grande serbatoio della Osaka Gas Company. L'adozione dell'SCC comportò che:

- Il numero dei lotti diminuì da 14 a 10 mentre l'altezza di ogni lotto di calcestruzzo poté essere aumentata;
- Il numero dei lavoratori poté essere diminuito da 150 a 50;
- Il periodo di costruzione diminuì da 22 a 18 mesi.

1.3.6 Un nuovo sistema di costruzione

Con l'uso dell'SCC può essere assicurata la compattazione del calcestruzzo nella struttura e risparmiato il costo della compattazione vibrata. Il costo totale della costruzione non può comunque essere ridotto a meno di costruzioni in larga scala.

Il calcestruzzo autocompattante ha portato ad un grande miglioramento del sistema di costruzione precedentemente basato sul calcestruzzo convenzionale che richiedeva vibrazione, la quale poteva spesso causare segregazione ed essere quindi di ostacolo alla realizzazione di costruzioni. Una volta eliminato questo problema il campo delle costruzioni ha subito sviluppi notevoli verso tipi di strutture prima irrealizzabili, come le strutture a "sandwich" nelle quali il calcestruzzo viene pompato all'interno di un guscio d'acciaio.

Capitolo II

PPROGETTAZIONE DELLE MISCELE

(controllo dell'SCC)

2. L'SCC

Nel corso dell'anno 2001 cominciarono a registrarsi anche in Italia le prime timide applicazioni di un nuovo calcestruzzo dotato della proprietà di autocompattabilità, un calcestruzzo che per l'elevata capacità di scorrimento, può essere disposto nelle casseforme più velocemente e senza segregazione, capace di occupare qualsiasi angolo della cassaforma e di fluire anche attraverso le armature più fitte senza alcun bisogno di vibrazione o compattazione (fig. 1)

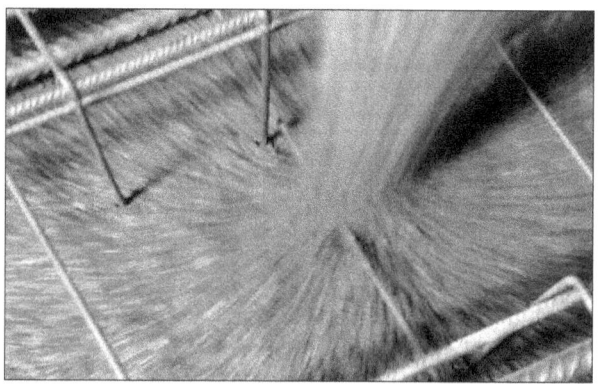

fig. 2: Getto di SCC.

Il calcestruzzo autocompattante (SCC) è un prodotto innovativo, con caratteristiche reologiche assolutamente inedite. Il suo infatti, è uno scorrimento "spontaneo", perché provocato esclusivamente dalla gravità (fig. 2). Quello del calcestruzzo tradizionale, al contrario, è uno scorrimento indotto, perché è sempre in qualche modo legato alle sollecitazioni meccaniche esterne, in primo luogo alla vibrazione. Superato ormai il concetto di "lavorabilità", un impasto SCC non deve limitarsi a opporre la minima resistenza a uno scorrimento indotto, ma deve addirittura muoversi autonomamente ed essere capace di scorrere per tempi prolungati. In questo contesto è facile intuire che l'approccio del progettista alla miscela deve modificarsi notevolmente.

Soprattutto dovrà rendersi conto che la matrice cementizia svolge un ruolo assai diverso da quello svolto in passato. La pasta di cemento, infatti, non è più semplice lubrificante per lo scorrimento reciproco degli aggregati, ma ha il ruolo ben più importante di "nastro trasportatore" degli aggregati stessi. Nello studio della miscela avranno quindi sempre maggiore importanza le proprietà della fase liquida e della pasta cementizia rispetto a quelle dell'impalcatura rigida degli aggregati: la geometria dovrà lasciare spazio alla reologia. Senza considerare che l'aggiunta di filler di vario tipo e di additivi sempre nuovi rende ancora più complesso e critico lo studio della pasta (cemento + aggiunte/filler + acqua + additivi + aria). Chi sviluppa il mix design non potrà più prendere l'avvio da parametri statici e "prestazionali", come i semplici dosaggi di acqua e di cemento, ma anzitutto verificare con specifiche prove la capacità di scorrimento della matrice fluida dell'impasto, nella quale dovranno essere trascinati (senza affondare) gli aggregati più grossi. Prima ancora delle verifiche sperimentali di resistenza meccanica il progettista dovrà quindi effettuare le prove di scorrimento previste dalle linee guida per la produzione di calcestruzzi autocompattanti e solamente quando saranno rispettati i vincoli imposti sui valori di scorrimento, si potrà passare alla messa a punto dei parametri di resistenza meccanica. È ovvio che questo prodotto non va confuso con un classico calcestruzzo S5 "allungato", ma l'SCC, lo ricordiamo, deve essere esente da segregazione/sedimentazione. Per questo motivo è importantissimo effettuare anche attente verifiche di omogeneità, segregazione e bleeding, non cedendo alle lusinghe di spandimento eccezionali ma "dopati": pasta di cemento, acqua e aggregati devono giungere in gruppo al traguardo! Un ottimo SCC ottenuto in laboratorio, comunque, non ci darà mai la certezza di poter essere riprodotto, identico, anche in autobetoniera. Perciò è fondamentale estendere la verifica delle proprietà reologiche ai grandi volumi di impasto. A questo scopo sarà indispensabile, sempre in fase di prequalifica, eseguire prove industriali presso l'impianto, per confermare i risultati delle prove preventive di laboratorio. Infine, dati gli alti dosaggi di cemento e di additivi, così comuni in questo tipo di prodotto, sarà anche necessario controllare preventivamente (e in corso d'opera) i tempi di perdita di lavorabilità e di ripresa. I calcestruzzi autocompattanti posseggono una elevata deformabilità allo stato fresco, cioè una elevata capacità di modificare la propria forma sotto l'azione del peso (ed a maggior ragione di eventuali forze esterne). Suddetta proprietà individua la capacità di raggiungere, in assenza di ostacoli rappresentati da restringimenti di sezione o da gabbie d'armature con ridotti interferri, zone della cassaforma distanti anche più di 10 m dal punto in cui il calcestruzzo viene gettato.

Alla deformabilità allo stato fresco i calcestruzzi autocompattanti associano una elevata resistenza alla segregazione (fig. 3).

Questa proprietà identifica la capacità del conglomerato cementizio di essere gettato e di fluire all'interno del cassero conservando una uniforme distribuzione degli ingredienti durante la posa in opera (resistenza alla segregazione esterna), durante il riempimento del cassero allorquando il materiale collide con le armature (resistenza alla segregazione di flusso) e a riempimento avvenuto evitando la sedimentazione di aggregati grossi sul fondo e l'accumulo di acqua di bleeding sulla superficie del getto (resistenza alla segregazione interna).

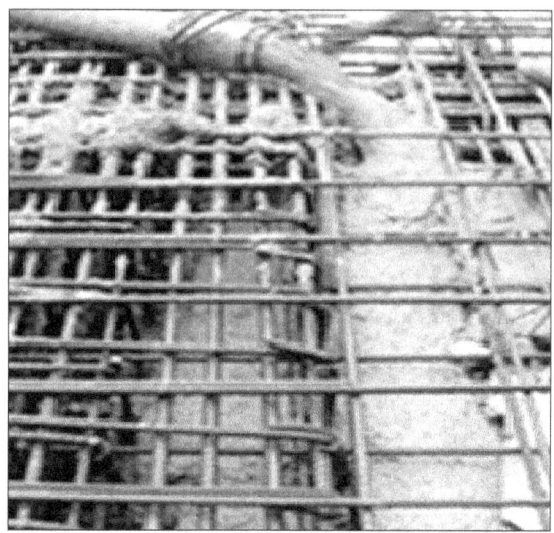

La resistenza alla segregazione di flusso è una delle proprietà più importanti richieste ad un calcestruzzo autocompattante. A questa si associa la capacità del calcestruzzo di scorrere senza arrestarsi in prossimità degli ostacoli rappresentati dai ferri di armatura o da restringimenti di sezione determinati da variazioni di geometria degli elementi strutturali (mobilità in spazi ristretti). In tali casi risulta elevata la probabilità di arresto del movimento del calcestruzzo (blocking) a causa dell'aumento del numero di collisioni dei granuli di aggregato grosso tra loro e contro gli elementi di sconfinamento del flusso   (fig. 3).

I calcestruzzi autocompattanti presentano caratteristiche diverse rispetto ai tradizionali conglomerati cementiti. Le principali differenze consistono:

- in un maggior volume del materiale con finezza inferiore a 150 micron (cemento, aggiunte minerali, frazioni finissime degli aggregati lapidei);
- in un minor contenuto degli aggregati grossi la cui pezzatura massima solitamente non supera, per le strutture armate con interferri inferiori a 200 mm, i 25 mm.

Un sufficiente volume di materiale finissimo viene ottenuto non con il solo incremento del dosaggio del cemento, per gli inevitabili rischi di fessurazione dei getti conseguenti ai maggiori gradienti termici oltre che ad una minore stabilità dimensionale (ritiro idrometrico elevato), ma il confezionamento dei calcestruzzi autocompattanti si basa sull'utilizzo combinato di cemento e di materiale finissimo, con lenta o pressoché nulla velocità di sviluppo del calore, quale: cenere volante, calcare macinato, loppa d'altoforno, metacaolino, ecc.

La limitazione del volume di aggregato grosso si rende necessaria non solo per diminuire la fase del sistema che deve essere trasportata, ma soprattutto per ridurre il numero di collisioni tra i granuli dell'elemento lapideo responsabili del fenomeno di bloccaggio del calcestruzzo (blocking) in prossimità di restringimenti di sezione o di zone particolarmente congestionate dalle armature.

L' SCC è anche un calcestruzzo più "impegnativo", che coinvolge tutti i processi della costruzione, ha bisogno di essere prodotto in impianti evoluti, consegnato in tempi precisi e gettato in casseforme a tenuta con sollecitazioni maggiori di quelle tradizionali. Insomma a vantaggi e caratteristiche eccezionali si associano tecniche di produzione, di consegna e di messa in opera più sofisticate rispetto a quelle tradizionali.

2.1. DEFINIZIONI

1. *Fluidità:*

   Caratteristica del calcestruzzo autocompattante fresco di deformarsi liberamente, valutabile indirettamente in termini di spandimento, mediante prova di cemento al cono;

2. *Viscosità:*

   Caratteristica riconducibile alla velocità con cui il calcestruzzo autocompattante fresco si deforma, valutabile indirettamente mediante il tempo di efflusso dall'imbuto o dal tempo di spandimento;

3. *Tempo di spandimento:*

   Valore determinato con una prova di spandimento (cedimento al cono) misurando il tempo necessario a raggiungere un diametro di 500 mm. È un parametro connesso con la viscosità dell'impasto;

4. *Tempo di lavorabilità:*

   Temo necessario affinché la consistenza del calcestruzzo autocompattante fresco si riduca dal valore iniziale fino al valore di 600 mm, limite inferiore di fluidità per il calcestruzzo autocompattante, valutato con la prova di cedimento al cono;

5. *Agente modificatore di viscosità:*

   Additivo che ha l'effetto di aumentare la resistenza alla segregazione del calcestruzzo autocompattante fresco modificatore della viscosità;

6. *Aggregato fine:*

   Aggregato i cui granuli passano per il (85-90)% allo staccio da 4 mm (sabbia);

7. *Filler:*

   Aggregato i cui granuli passano per almeno il 70% allo staccio da 0,063 mm;

8. *Finissimo:*

   Materiale minerale (somma di cemento, filler, aggiunte, finissimi dell'aggregato) passante allo staccio da 0,125 mm;

9. *Aggiunta:*

   Materiale finemente suddiviso usato nella preparazione del calcestruzzo allo scopo di migliorare certe proprietà o di ottenere proprietà speciali.

2.1.1. REOLOGIA

L'importanza della comprensione del comportamento reologico per lo sviluppo dell'SCC ha portato ad un crescente interesse verso la reologia del calcestruzzo. Tuttavia, l'utilizzazione di un approccio reologico nella ricerca destinata alle costruzioni non è stata fino ad ora largamente messa in atto, salvo poche eccezioni. La ricerca ha, invece, utilizzato metodi di prova della lavorabilità come strumenti per la valutazione. La ricerca, così, ha dato un considerevole contributo alle relazioni di carattere qualitativo mentre il lavoro sulla comprensione dei fenomeni è stato meno frequente.

Tuttavia, ora sembra stia emergendo una maggiore attenzione alla reologia nella ricerca sull'SCC. Essa viene sempre più usata nel delineare i meccanismi, nell'ottimizzare le materie prime, nel comprendere la relazione tra tixotropia e pressione idraulica sulle casseforme, e nell'affrontare problemi nella meccanica dei fluidi per modellare matematicamente il flusso. L'utilizzo di parametri reologici sembra non solo essere adottato dai laboratori di ricerca ma anche dai laboratori di alcuni fornitori. Le valutazioni reologiche sono così fondamentalmente utilizzate per ricerca e sviluppo e non ancora, in modo significativo, come strumento per le procedure della garanzia di qualità. Si richiede una estensione di questa area mediante uno sviluppo di ulteriori metodi di prova. Una certa mancanza di consensi sui metodi adottati possono avere impedito la necessaria più larga applicazione di un approccio reologico.

La reologia è la scienza che studia le deformazioni che un corpo subisce per effetto delle sollecitazioni cui esso è sottoposto. Essa, pertanto, può applicarsi a sistemi cementizi che sono deformabili e, quindi, capaci di scorrere sotto l'azione di sforzi tangenziali.

Per un fluido ideale (newtoniano) esiste una proporzionalità lineare tra lo sforzo tangenziale applicato (τ) e il gradiente della velocità di scorrimento (D):

$$\tau = \eta * D \qquad [3.1]$$

La formula [3.1] evidenzia che la velocità del liquido dipende, oltre che dallo sforzo tangenziale applicato, anche dalla viscosità (η): questa ultima rappresenta fisicamente la resistenza interna opposta dal liquido alla variazione di velocità. In sostanza, la viscosità rappresenta lo sforzo tangenziale necessario per imporre nel liquido una variazione unitaria della velocità. In un liquido poco viscoso come l'acqua, η vale 1 mPa * s (1 centipoise) mentre in una pasta di cemento η risulta pari a circa 10^3 mPa *s. in sostanza, questo significa che per produrre in una pasta di cemento una variazione di velocità unitaria occorre applicare uno sforzo tangenziale di 3 ordini di grandezza maggiore di quello necessario per produrre lo stesso effetto nell'acqua.

Le paste di cemento, al contrario dei fluidi newtoniani caratterizzati da un gradiente di scorrimento (D) proporzionale alla tensione di scorrimento (τ), si comportano come i fluidi plastici per i quali il comportamento reologico è descritto dall'equazione di Bingham:

$$\tau = f + \eta * D \qquad [3.2]$$

dove f è il limite di scorrimento (o coesione), cioè la tensione minima che occorre applicare per mantenere il corpo di Bingham nello stato liquido.

Nell'equazione di Bingham [3.2] il valore di f è proporzionale sia alla deformabilità del materiale, che alla resistenza alla segregazione interna ed esterna: maggiore la coesione f, minore sarà la tendenza degli ingredienti del calcestruzzo a separarsi, ma anche minore risulterà la deformabilità del materiale (fig. 5). Pertanto, al fine di produrre un calcestruzzo autocompattante è necessario garantire il raggiungimento di un valore di coesione sufficiente per attenuare il rischio di segregazione dell'impasto senza pregiudicare la deformabilità sotto l'azione di sforzi modesti quali quelli determinati dal solo peso proprio del calcestruzzo.

Tra i fluidi di Bingham quelli che meglio approssimano le caratteristiche richieste per i calcestruzzi autocompattanti sono quelli cosiddetti pseudoplastici, caratterizzati, cioè, da una viscosità plastica elevata per bassi valori dello sforzo tangenziale applicato (η_1) e da una viscosità plastica ridotta per valori elevati di τ (η_2). Valori elevati di η_1, infatti, garantiscono buona resistenza alla segregazione di flusso. Per contro valori ridotti di η_2 consentono di mantenere alte le proprietà di autolivellamento del calcestruzzo anche sotto l'azione di modesti sforzi tangenziali generati dal peso proprio del materiale in assenza di vibrazione.

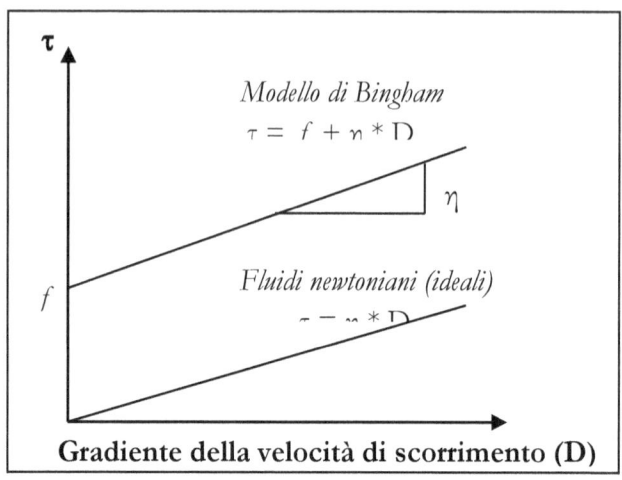

fig. 5: Rappresentazione grafica della legge di Bingham.

Purtroppo, i fattori che governano la reologia dei calcestruzzi mostrano nei confronti dei parametri reologici innanzi descritti (coesione, viscosità plastica) influenze antitetiche ai fini del conseguimento delle proprietà di autocompattabilità. Generalmente, come meglio verrà discusso nel seguito, i fattori che aumentano f, determinano un incremento di η_1 e η_2 (e viceversa).

Il cemento

Le caratteristiche del cemento Portland che influenzano la reologia del calcestruzzo sono essenzialmente la finezza ed il contenuto di silicato tricalcico (C_3S). cementi con finezza spinta e con maggior contenuto di C_3S aumentano il limite di scorrimento e la viscosità plastica (η_1 e η_2). Pertanto, cementi fini ricchi in C_3S risultano possedere nei confronti dell'autocompattabilità un duplice comportamento:

- da una parte l'incremento di f e η_1 risulta benefico per la maggiore resistenza alla segregazione che si consegue;
- dall'altra l'aumento della viscosità plastica (η_2) potrebbe, in presenza di dosaggi elevati pregiudicare le capacità di flusso attraverso una riduzione della deformabilità del conglomerato.

Le pozzolane ed i filler calcarei

I materiali pozzolanici naturali, le ceneri volanti ed i filler calcarei rappresentano degli ingredienti particolarmente indicati per la produzione dei calcestruzzi autocompattanti. L'aggiunta di polveri fini agli impasti, infatti, aumenta il limite di scorrimento e la viscosità plastica η_1 senza modificare sostanzialmente η_2. In sostanza, quindi, le pozzolane provocano un miglioramento della stabilità dei sistemi cementizi senza peggiorarne le proprietà di flusso.

L'influenza del rapporto a/c sulle proprietà del calcestruzzo fresco sono identiche a quelle esercitate dalla finezza e dal contenuto di C_3S: diminuendo il rapporto a/c aumenta f, η_1 e η_2. Pertanto, ai fini dell'ottenimento di un calcestruzzo autocompattante è necessario adottare rapporti a/c non troppo bassi per non pregiudicare le capacità di scorrimento del sistema.

Gli additivi

Gli additivi esplicano sulle proprietà reologiche influenze diverse a seconda della loro natura. Gli additivi ritardanti determinano, soprattutto dopo tempi superiori ai 30 minuti dalla miscelazione, una diminuzione sia di f che di η. Conseguentemente, essi determinano benefici sulle proprietà reologiche, ma tendono nel contempo a diminuire la resistenza alla segregazione del calcestruzzo.

Gli additivi superfluidificanti utilizzati per:

- ridurre il rapporto a/c, determinano incrementi di f e di η;
- aumentare la lavorabilità, riducono f e η.

Suddetti effetti, quindi, sono riconducibili rispettivamente a quelli della finezza del cemento e degli additivi ritardanti.

Tenendo presente che ai fini dell'autocompattabilità è necessario garantire un sufficiente valore di f e η_1, e nel contempo diminuire η_2, si preferisce utilizzare gli additivi superfluidificanti (a pari a/c) per aumentare la lavorabilità (diminuire η_2) del calcestruzzo ricorrendo, per aumentare f e η_1 e quindi la resistenza alla segregazione del conglomerato, all'utilizzo di agenti modificatori di viscosità.

Gli additivi modificatori di viscosità

Il termine Agenti Modificatori di Viscosità (AMV) individua una categoria di additivi per calcestruzzo capaci di modificare la viscosità del conglomerato cementizio. Grazie a questa proprietà gli AMV sono stati utilizzati in passato per rendere pompabili calcestruzzi caratterizzati da un ridotto dosaggio di cemento. Nei calcestruzzi "magri", infatti, la carenza di cemento rende il conglomerato troppo "aspro" e di aspetto sabbioso e l'eventuale aggiunta di acqua o di additivi fluidificanti e superfluidificanti aggrava la difficoltà di pompaggio dell'impasto. L'aggiunta sia di acqua che di additivo, infatti, riducendo la viscosità della pasta di cemento favorisce la segregazione del calcestruzzo: sotto la pressione esercitata dalla pompa, la pasta di cemento, poco viscosa, fluisce con una velocità maggiore degli aggregati che, così, rimangono bloccati nel tubo favorendo la formazione di un tappo che impedisce il pompaggio del calcestruzzo.

Gli additivi coadiuvanti di pompaggio sono sostanzialmente dei prodotti cellulosici modificati o polimeri ad alto peso molecolare di etilenossido. Gli agenti modificatori di viscosità impiegati per la produzione dei calcestruzzi autocompattanti, invece, includono, oltre ai polimeri idrosolubili a base di cellulosa, anche quelli a base di glicole ed una nuova categoria di prodotti quali i biopolimeri.

Indipendentemente dalla loro natura gli additivi modificatori di viscosità destinati al settore dei calcestruzzi autocompattanti devono possedere i seguenti requisiti:

- solubilità elevata nell'ambiente alcalino rappresentato dalla sospensione cementizia;
- ridotta interferenza sulla reazione di idratazione del cemento;
- capacità di modificare la viscosità del calcestruzzo conferendogli una elevata stabilità alla segregazione di flusso senza peggiorare la fluidità dell'impasto. Questo comportamento è garantito da un AMV capace di aumentare la viscosità dell'impasto per bassi valori dello sforzo di taglio (η_1) e nel contempo diminuire la viscosità plastica dello stesso per alti valori dello sforzo di taglio applicato (η_2);
- possibilità di essere introdotti nell'impasto mediante i dosatori di liquidi normalmente disponibili in centrale di betonaggio o negli stabilimenti di prefabbricazione;
- incidenza sul costo unitario del conglomerato inferiore al costo che si dovrebbe sostenere per conseguire lo stesso miglioramento prestazionale determinato dall'aggiunta dell'AMV, con altre soluzioni (es. incremento delle polveri).

Sono sostanzialmente due i meccanismi attraverso i quali gli additivi modificatori di viscosità influenzano le caratteristiche reologiche del calcestruzzo:

- assorbimento sulla superficie dei granuli del materiale finissimo (agenti viscosizzanti a carattere adsorbente);
- dispersione dell'AMV nell'acqua d'impasto con conseguente aumento della viscosità del liquido (agenti viscosizzanti a carattere non adsorbente).

Gli AMV a carattere adsorbente hanno la peculiarità di creare dei "ponti" tra le particelle fini sulle quali vengono adsorbiti, determinando un aumento della viscosità plastica ed una contemporanea riduzione della fluidità dell'impasto. Questo effetto sembrerebbe da attribuire ad un minore adsorbimento dell'additivo superfluidificante sulla superficie dei granuli di cemento ostacolato dalla contemporanea presenza degli AMV a carattere adsorbente.

Gli AMV non adsorbenti, invece, sono capaci di aumentare la viscosità plastica senza modificare sostanzialmente la fluidità del sistema. Questo comportamento è da ascrivere al fatto che, in presenza di AMV non adsorbenti, l'adsorbimento dell'additivo superfluidificante sui granuli di cemento non viene sostanzialmente modificato e, quindi, la fluidità della malta non viene penalizzata.

Tra gli AMV, i biopolimeri rappresentano quelli con le caratteristiche più adatte al confezionamento dei calcestruzzi autocompattanti. La maggior parte di questi prodotti sono costituiti da polisaccaridi ottenute da piante (Guar, Carruba, Gomma,ecc.), da alghe (Agar, Carragenina, ecc.) oppure attraverso una fermentazione controllata ottenuta mediante l'impiego di specifici microrganismi (batteri). Questa ultima categoria di prodotti mostra generalmente il migliore grado di pseudoplasticità richiesto per il confezionamento di SCC ed include i seguenti biopolimeri: Xanthan, Welan, Gellan, Succinoglucani, Scleroglucani, ecc. Tra questi il Welan ed i Succinoglucani sembrano garantire le migliori prestazioni.

Questi prodotti offrono, rispetto ad un coadiuvante di pompaggio a base di cellulosa, uno stesso livello di viscosità per sforzi di taglio modesti e, quindi, un'analoga resistenza alla segregazione. Inoltre, un biopolimeri tipo Welan garantisce per l'impasto una viscosità plastica per alti valori di sforzo di taglio inferiore di circa un ordine di grandezza rispetto a quella di un conglomerato additivato con metilcellulosa.

Il comportamento pseudoplastico garantito dai biopolimeri è attribuibile alla particolare struttura molecolare capace:

- per valori dello sforzo di taglio relativamente bassi, di creare una rete tridimensionale di gel in grado di aumentare la viscosità plastica del conglomerato;
- per valori elevati dello sforzo di taglio le molecole tendono ad allinearsi lungo la direzione del moto senza generare alcun impedimento "viscoso" allo scorrimento della materia.

Un effetto comune a tutti gli agenti viscosizzanti consiste nell'aumento della richiesta d'acqua, rispetto ad un impasto senza AMV, necessario per conseguire una determinata fluidità. Questo effetto, apparentemente negativo, determina, tuttavia, una serie di vantaggi riassumibili in una minore dipendenza delle caratteristiche reologiche dell'impasto dalla variazione della temperatura, della finezza della sabbia e del tipo di cemento. In sostanza, questo equivale a dire che gli AMV (a base di Welan o anche di polisuccinoglucani) consentono di ottenere le proprietà reologiche richieste per un calcestruzzo autocompattante per un maggior intervallo di valori del rapporto acqua/polveri (in volume).

2.2.1 METODI DI MISURA (caratteristiche reologiche degli SCC)

Introduzione

La lavorabilità è un mezzo per descrivere la capacità del calcestruzzo fresco di comportarsi adeguatamente nel processo produttivo. La lavorabilità è descritta attraverso specifici metodi di prova in quanto la sua caratterizzazione è basata su un metodo piuttosto che sulle proprietà fondamentali del materiale. La lavorabilità è finalizzata a descrivere il flusso, la capacità di passare attraverso ostacoli e la resistenza alla segregazione; pertanto essa è finalizzata a dare un quadro complessivo delle condizioni e dei requisiti nelle applicazioni pratiche. I metodi di prova della lavorabilità devono essere rigorosamente standardizzati ed essere il più possibile indipendenti dalla manualità dell'operatore. Un più alto grado di consensi su quali siano i metodi da usare ed una più stretta standardizzazione aiuterebbe l'ulteriore sviluppo dell'SCC come anche la possibilità di guadagnare maggiori quote di mercato.

La misura del livello di autocompattabilità di un conglomerato cementizia può essere effettuata affiancando ai *viscosimetri* ed al tradizionale *cono di Abrams*, diffusamente impiegato per la valutazione della consistenza dei tradizionali calcestruzzi fluidi e superfluidi, una serie di nuove attrezzature e metodi che consentono di avere un quadro esaustivo sia della deformabilità allo stato fresco che della resistenza alla segregazione dell'impasto. Quelli più diffusi sono lo *slump-flow*, il *V-funnel*, l'*U-box*, il *J-ring* e l'*L-box* ad armatura verticale ed orizzontale.

Nei paragrafi che seguono per ognuno dei metodi sopramenzionati vengono descritte le apparecchiature necessarie, le metodologie di prova, ed i risultati attesi per i calcestruzzi autocompattanti e per confronto quelli ottenibili con un normale calcestruzzo superfluido.

Le norme UNI

Nei primi sei mesi del 2003 sono state pubblicate le norme UNI sull'SCC. L'Italia è stata uno dei primi paesi europei ad intraprendere la via normativa per questo prodotto, definendo una norma sull'SCC, che definisce le proprietà e stabilisce i limiti prestazionale, e cinque di prova.

Le nome attualmente in vigore riguardo i calcestruzzi autocompattanti con i relativi intervalli di accettazione sono riportati in tabella 1.

Per le altre caratteristiche allo stato fresco, per le proprietà dei vari costituenti e per le proprietà del prodotto allo stato indurito, si fa comunque riferimento alle altre norme di settore e comuni a tutti i calcestruzzi che vengono sinteticamente riportate di seguito nella tabella 2.

Mentre in tabella 3 sono riportati i limiti di accettazione per ogni prova.

	Argomento	**Titolo**
UNI 11040	Calcestruzzo autocompattante	Specifiche, caratteristiche e controlli
UNI 11041	Prova sul calcestruzzo autocompattante fresco	Determinazione dello spandimento e del tempo di spandimento
UNI 11042	Prova sul calcestruzzo autocompattante fresco	Determinazione del tempo di efflusso dall'imbuto
UNI 11043	Prova sul calcestruzzo autocompattante fresco	Determinazione dello scorrimento confinato mediante scatola ad L
UNI 11044	Prova sul calcestruzzo autocompattante fresco	Determinazione dello scorrimento confinato mediante scatola ad U
UNI 11045	Prova sul calcestruzzo autocompattante fresco	Determinazione dello scorrimento confinato mediante scatola ad J

Tabella 1: Norme attualmente in vigore sull'SCC.

Analizzando la UNI 11040 possiamo leggere che il calcestruzzo autocompattante è definito come un calcestruzzo omogeneo che viene messo in opera e compattato senza l'intervento di mezzi esterni ed ha le seguenti proprietà:

- *Capacità di riempimento (filling capacity)*: la capacità di riempimento del Self-Compacting Concrete è la sua particolare attitudine a fluire ed adattarsi anche negli angoli più difficili da raggiungere di una struttura senza segregazione e senza lasciare vuoti d'aria, causa di pessimi facciavista e d'infiltrazioni nocive conseguenti allo scassero. Questa proprietà è strettamente legata alla deformabilità, alla fluidità, alla viscosità ed alla resistenza alla segregazione, ed è resa possibile essenzialmente dal giusto contenuto di parti fini nella miscela, che al momento del getto vanno a riempire gli spazi vuoti tra gli inerti grossi.

- *Capacità di deformarsi*: la deformabilità del calcestruzzo è la sua capacità di cambiare forma e passare attraverso sezioni diverse, senza slegarsi e quindi segregare o bloccarsi. La deformabilità è strettamente correlata alle proprietà della pasta di cemento e può essere aumentata attraverso l'utilizzo di superfluidificanti, poiché l'impiego in questo caso di una aggiunta d'acqua oltre ad aumentare il rapporto acqua/cemento può creare segregazione degli aggregati e la formazione di bleeding.

- ***Resistenza alla segregazione***: è la capacità di mantenere una composizione omogenea sia in movimento che in riposo. La segregazione del calcestruzzo è la tendenza alla separazione tra malta e gli aggregati grossi. Tale difetto nella fase fresca è colpevole di numerosi problemi che possono insorgere successivamente nel calcestruzzo indurito (fig. 6, 7); questo perché un calcestruzzo segregato presenta a causa della forza di gravità una concentrazione di aggregati grossi verso la parte inferiore dei manufatti ed una migrazione della malta verso l'alto. La segregazione è causa anche dei rischi di blocco della miscela, soprattutto nelle condizioni più difficili di messa in opera. All'aumentare dello slump diminuisce la capacità di passaggio tra le armature ed è per questa ragione che fluidità e resistenza alla segregazione sono considerate in conflitto. Il rischio di blocco nell'SCC si riduce quindi provvedendo a creare un'adeguata viscosità al fine di assicurare una buona sospensione delle parti solide durante la deformazione del calcestruzzo. La coesività, o viscosità, può essere aumentata nell'SCC attraverso una giusta proporzione delle polveri che creano in questo modo una malta in grado di trascinare gli inerti, oppure grazie all'utilizzo degli agenti modificatori di viscosità.

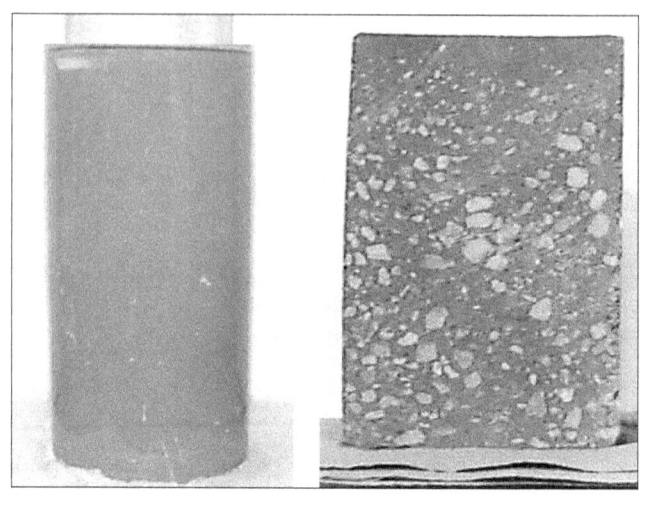

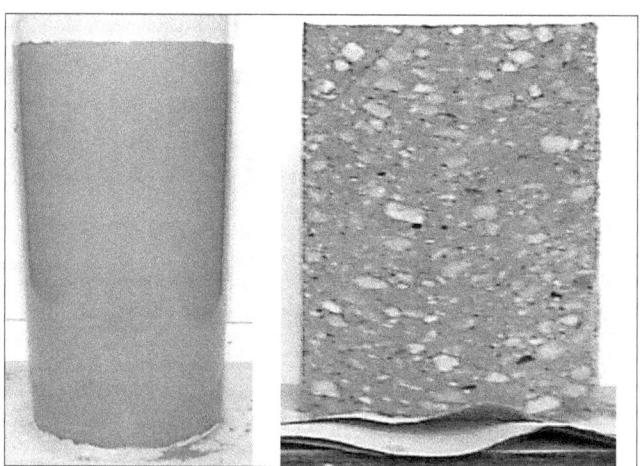

fig. 6-7: Carota con segregazione. Carota omogenea (assenza di segregazione).

Osserviamo subito che anche se i requisiti essenziali sono tre, i relativi metodi di prova sono cinque; di seguito vedremo però come ogni proprietà dell'SCC sia in realtà la combinazione di più caratteristiche, ad esempio di deformarsi in fase fluida senza segregarsi, e che quindi per poter valutare nella sostanza, in fase di progettazione, un SCC non siano sufficienti tre prove perché non consentono una verifica completa di tutte le caratteristiche del prodotto. La UNI 11040 definisce dunque un pacchetto di prove che individuano delle caratteristiche che combinate tra loro attestano le proprietà dell'SCC.

Prima di analizzare le prove previste dalla norma è bene ricordare che vi sono altri test, utilizzati in alcuni paesi Europei, che misurano le stesse caratteristiche con modalità e strumenti diversi. Tra i più significativi vi sono il *Kajama test* (o *fill box*) e *l'Orimet test*. Nei paragrafi che seguono per ognuno dei metodi sopramenzionati vengono descritte le apparecchiature necessarie, le metodologie di prova, ed i risultati attesi per i calcestruzzi autocompattanti e per confronto quelli ottenibili con un normale calcestruzzo superfluido, tenendo comunque presente che è indispensabile accompagnare la verifica dei "numeri" con una valutazione visiva del prodotto.

UNI 6393	Controllo della composizione del calcestruzzo fresco
UNI 7123	Calcestruzzo-Determinazione dei tempi di inizio e fine presa mediante la misura della resistenza alla penetrazione
UNI EN 197-1	Cemento-Composizione, specificazioni e criteri di conformità per cementi comuni
UNI EN 206-1	Calcestruzzo-Specificazione, prestazione, produzione e conformità
UNI EN 450	Ceneri volanti per calcestruzzo-Definizioni, requisiti e controllo di qualità
UNI EN 934-2	Additivi per calcestruzzo, malta e malta per iniezione-Additivi per calcestruzzi-Definizioni, requisiti, conformità, marcatura ed etichettatura
UNI EN 1015-17	Metodi di prova per malte per opere murarie-Determinazione del contenuto solubile in acqua delle malte fresche
UNI EN 12350-1	Prova sul calcestruzzo fresco-Campionamento
UNI EN 12350-6	Prova sul calcestruzzo fresco-Massa volumica
UNI EN 12350-7	Prova sul calcestruzzo fresco-Contenuto d'aria-Metodo a pressione
UNI EN	Prova sul calcestruzzo indurito-Forma,

12390-1	dimensione ed altri requisiti per provini e per casseforme
UNI EN 12390-2	Prova sul calcestruzzo indurito-Confezione e stagionatura dei provini per prove di resistenza
UNI EN 12390-3	Prova sul calcestruzzo indurito-Resistenza alla compressione dei provini
UNI EN 12878	Pigmenti per la colorazione di materiali da costruzione a base di cemento e/o calce-Specifiche e metodi di prova
EN 12620	Aggregati per calcestruzzi
prEN 13263-1	Silica fume per calcestruzzi-Definizioni, requisiti e conformità

Tabella 2: Normativa di riferimento.

Caratteristica	Intervallo di accettazione	Metodi di prova	Prove di laboratorio	Prove di cantiere
Fluidità	> 600 mm	UNI 11041	si	si
Tempo di spandimento (per raggiungere il diametro di 500 mm)	≤ 12 s	UNI 11041	si	si
Deformabilità (tempo di efflusso dall'imbuto a V)	(4-12) s	UNI 11042	si	si
Scorrimento confinato (attraverso l'anello a J)	$\Delta \Phi \leq 50$ mm rispetto allo scorrimento senza anello	UNI 11045	si	si
Scorrimento confinato (scatola a L)	$h_2/h_1 > 0{,}80$	UNI 11043	si	no
Scorrimento confinato (scatola a U)	$\Delta h \leq 30$ mm	UNI 11044	si	no

| Stabilità alla sedimentazione (imbuto a V dopo 5 min) | Valore iniziale +3 s | UNI 11042 | si | si |

Viscosimetri

La misurazione delle proprietà reologiche può aiutare lo sviluppo di un prodotto migliore. I reometri sono gli strumenti usati per misurare le proprietà reologiche di un materiale (fig. 8). Se si vuole semplificare la misurazione della viscosità come un funzione del gradiente di velocità per determinare il comportamento di un flusso non-Newtoniano, o se si vuole misurare complesse proprietà reologiche come la viscoelasticità (G' e G") come una funzione di frequenza (tempo), o temperatura, i reometri Bohlin sono tra i più usati in tutto il mondo.

La strumentazione reologica è usata per diverse ragioni, per esempio, per determinare lo sforzo da oltrepassare affinché la pasta fluisca, per aiutare a predire la durata di immagazzinamento e tensione di scorrimento, per determinare la tensione critica (energia minima necessaria per disgregare la struttura).

Fino a che il materiale agisce come un solido elastico sotto alcune condizioni e come liquido viscoso sotto altre, essi sono materiali visco-elastici.

Alcuni fra i test più usati per la caratterizzazione delle proprietà reologiche sono:

- comportamento del flusso dei materiali non newtoniani (per determinare lo sforzo limite, comportamento del flusso tissotropico);
- tensione di scorrimento (per determinare la viscoelasticità lineare e per determinare la stabilità di un sistema);
- recupero fessurazione (per determinare il tempo di rilassamento e le proprietà visco-elastiche per determinare la forza di adesione).

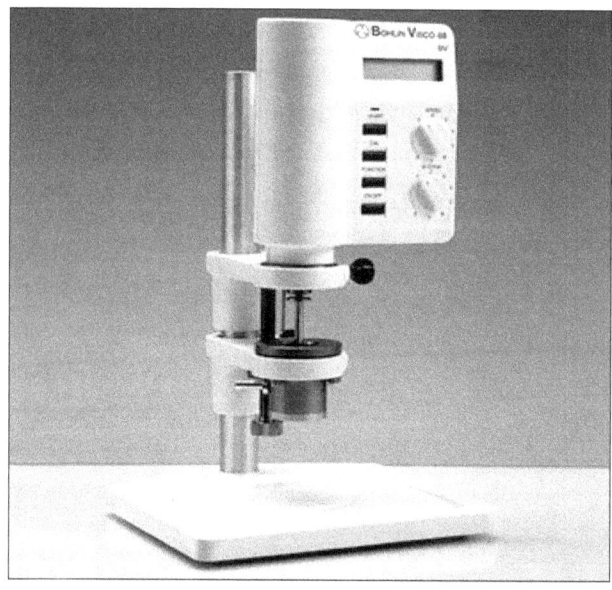

FIG 8: *Viscosimetro Bohlin V88.*

Slump-flow test

La misura dell'abbassamento al cono di Abrams (*slump*) rappresenta il metodo più diffuso, utilizzato nella quasi totalità dei cantieri italiani, per valutare le proprietà reologiche dei

tradizionali calcestruzzi la cui classe di consistenza varia da *terra umida* (S1 in accordo alla UNI 9858) a *superfluida* (S5). La misura dello *slump*, tuttavia, perde di significato per i calcestruzzi autocompattanti in quanto l'abbassamento risulterebbe, per la elevata fluidità dell'impasto, pari, per tutti i conglomerati, alla differenza tra l'altezza del cono (300 mm) e il diametro massimo dell'aggregato (Dmax). Tenendo presente che i valori di Dmax degli aggregati correntemente impiegati per il confezionamento degli SCC variano tra 8 e 25 mm, lo *slump* dei calcestruzzi autocompattanti risulterebbe sempre compreso tra 292 e 275 mm, senza possibilità di rilevare differenze nel comportamento reologico degli impasti (fig. 9; fig. 10 a,b,c)

a b c

FIG 10 a,b,c: Cono di Abrams, slump di un calcestruzzo consistente, slump senza alcun significato per un SCC.

La misura delle proprietà reologiche dei calcestruzzi autocompattanti, risulta, tuttavia, ancora possibile utilizzando il cono di Abrams per misurare (prova dello *slump-flow*):

- il diametro della focaccia di calcestruzzo ottenuta dopo il sollevamento del cono (fig. 11) quando il flusso del conglomerato si è arrestato (d_f);

- il tempo necessario alla focaccia di calcestruzzo per spandersi e per raggiungere il diametro di 500 mm (t_{500}) e la posizione finale (t_f).

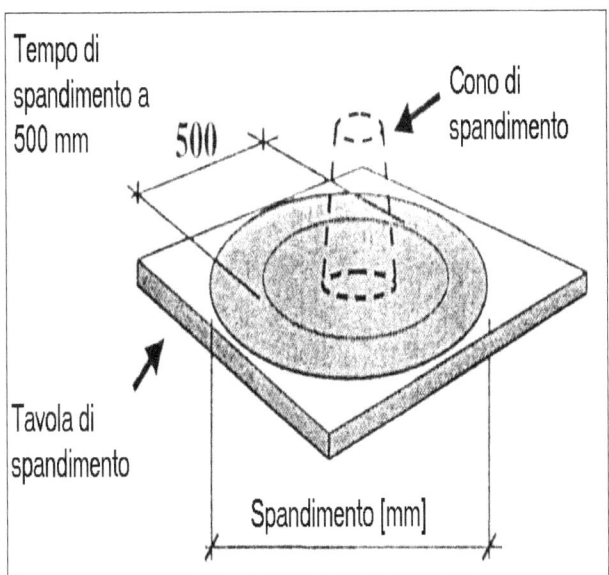

FIG. 11: Descrizione prova dello slump-flow.

La misura del diametro finale (d_f) può assumersi proporzionale alla deformabilità del conglomerato per effetto del peso proprio: maggiore risulterà d_f e più sarà elevata la capacità di flusso del calcestruzzo allo stato fresco (fig. 12).

I tempi t_{500} e t_f, invece, a parità di d_f e quindi di deformabilità, sono proporzionali alla viscosità del calcestruzzo: maggiore risulterà il valore di t_{500} e t_f più elevata sarà la viscosità del materiale (fig. 13).

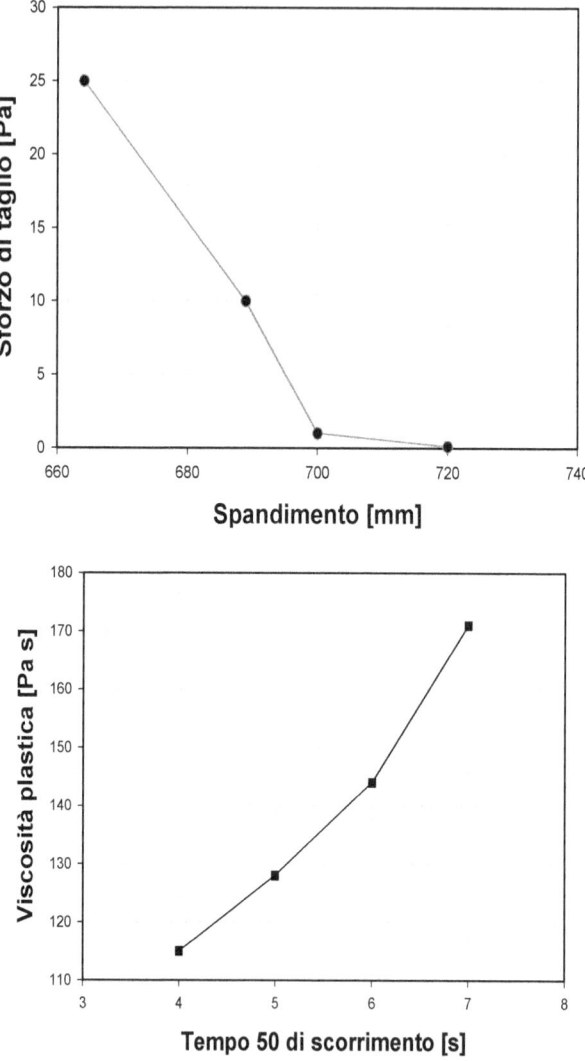

fig. 12-13: Legame viscosità plastica-t_{500}.

Pertanto, ai fini del conseguimento delle proprietà di autocompattabilità è necessario produrre conglomerati con elevati d_f e bassi valori di t_{500} e t_f. I valori minimi per conseguire una sufficiente autocompattabilità del calcestruzzo sono (UNI 11040):

$$d_f > 600 \text{ mm} \qquad t_{500} \leq 12 \text{ sec}$$

Vengono qui di seguito riportate le fasi esecutive dell'esecuzione in cantiere della prova dello slump-flow:

FIG. 14: 1ª fase della prova dello slump-flow.

FIG 15: 2ª fase della prova dello slump-flow.

FIG 16: 3ª fase della prova dello slump-flow.

Tale indicazione nasce dall'esigenza che il calcestruzzo autocompattante sia sufficientemente fluido e veloce da far si che getti continui di calcestruzzo vadano man mano a rinforzare l'onda di materiale all'interno del cassero e non a creare intoppi.

Tempi troppo brevi, viceversa, possono portare a pensare a calcestruzzi troppo fluidi e a rischio di segregazione.

È di fondamentale importanza, quindi, non solo assicurarsi che i valori numerici rilevati durante la prova siano entro i limiti di accettazione imposti dalla normativa ma effettuare un accurato esame visivo della miscela per verificarne la sua omogeneità. Infatti con questa prova può essere valutata anche l'eventuale presenza di segregazione. Ispezionando la "pizza" di calcestruzzo in tutto il suo insieme possiamo verificare che non ci sia una distribuzione disomogenea dell'aggregato grossolano nella pasta e, osservando la periferia della "pizza" di calcestruzzo, rilevare la eventuale presenza di acqua di bleeding sintomi appunto di segregazione (fig. 17,18,19).

Questo primo esame sul calcestruzzo costituisce una tappa molto significativa nella verifica delle proprietà reologiche della pasta perché ci consente, prima di eseguire i test successivi, di avere già una chiara idea sulle possibilità di raggiungere i requisiti richiesti.

FIG. 17: Calcestruzzo fresco con assenza di acqua di bleeding

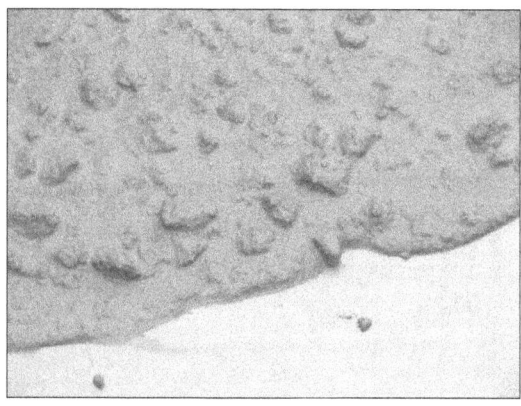

FIG 18: Particolare della periferia, assenza di acqua di bleeding

fig. 19: Presenza di segregazione con acqua di bleeding sulla periferia.

Il significato di questa prova è di per sé evidente: si sta valutando la fluidità del calcestruzzo, cioè la sua capacità di scorrere e riempire i casseri.

Quando questa prova è di fondamentale importanza? Innanzitutto quando si prevedono grandi escursioni del prodotto o il riempimento di casseri di particolare forma o con punti difficilmente accessibili. L'indicazione di 600 mm è quindi sufficiente solo per alcuni usi, ma non per tutti. Si potrebbe arrivare alla prescrizione, per scopi speciali, di SCC con spandimenti maggiori, quindi a maggior valore aggiunto.

In genere uno spandimento superiore agli 800 mm è pericoloso. Il rischio infatti è quello di una segregazione della malta con separazione dell'acqua e degli inerti grossi. Nella valutazione dello spandimento non bisogna dimenticare una buona regola, che vale per tutti i calcestruzzi allo stato fluido: il produttore deve costruirsi una curva di mantenimento della lavorabilità effettuando prove iniziali ogni trenta minuti.

Queste prove ci forniscono indicazioni sui tempi massimi di percorrenza e sosta dell'SCC prodotto da quando viene confezionato a quando è messo in opera.

Possiamo concludere quindi che per l'importanza delle informazioni ottenibili, lo *Slump-flow* sia un test da eseguire sempre, sia in laboratorio che in cantiere, considerando anche la semplicità del metodo e la larga disponibilità degli strumenti richiesti (cono di Abrams, tavola e metro).

È una prova fondamentale, attraverso la quale si possono avere le prime indicazioni sul "reale" funzionamento del prodotto. È chiaro che se non si raggiungono risultati soddisfacenti deve essere annullata la prova e modificata la miscela. Il test è regolamentato dalla norma UNI 11041.

V-funnel test

È una delle prove più importanti e innovative. Dà subito la sensazione se il prodotto ha la capacità di scorrere o meno (fig. 20).

La prova consiste nel riempire l'imbuto e misurare il tempo di svuotamento, che deve essere compreso tra 4 e 12 secondi.

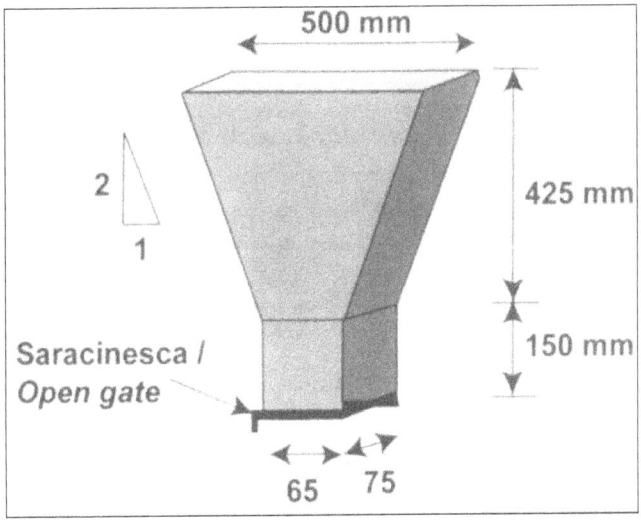

FIG. 20: Forma e dimensioni del V-funnel.

Vengono qui di seguito riportate le fasi esecutive della prova:

FIG 21: 1ª fase del V-funnel test.

FIG 23: 3ª fase del V-funnel test.

La misura del tempo di svuotamento (t_{vf}) è direttamente correlata con la viscosità del calcestruzzo: minore risulta t_{vf} e meno viscoso sarà il conglomerato cementizio.

Tempi eccessivamente brevi indicano che la miscela è priva di tixotropia e che, quindi, acquistando troppa velocità tenderebbe a segregarsi in caduta. Viceversa tempi troppo lunghi possono indicare che o è troppo alto il rapporto inerti/cemento, e si può verificare un effetto blocking, cioè una incompleta distribuzione del calcestruzzo, oppure che il prodotto ha una bassa massa volumica (calcestruzzi con argilla o altri aggregati leggeri). Altro aspetto importante nella valutazione della prova è l'osservazione delle modalità di deflusso. Il materiale deve scorrere dal collo dell'imbuto verso l'esterno, in maniera costante e non ad interruzioni che possono indicare principi di segregazione. La prova fornisce la capacità del materiale di scorrere e deformarsi in spazi stretti. Fermo restando che in laboratorio è sempre importante eseguire la prova, in fase di progettazione, in cantiere risulta utile quando il calcestruzzo SCC viene impiegato per la realizzazione di strutture ristrette o fortemente armate, mentre risulta meno importante nei getti di platee o di solette poco armate. Cosa fare quindi se si ottiene un valore di 12-13 secondi, quindi di frontiera? Dipende dal tipo di getto. Per una struttura lineare senza restringimenti o particolari complicazioni non vi sono problemi, mentre per strutture di particolare complessità potrebbe non essere sufficiente neanche il valore compreso dalla norma ma è necessario ottenere tempi inferiori. Anche in questo caso quindi la prescrizione del calcestruzzo SCC dovrà tenere conto delle caratteristiche del getto e, se richiesto, prevedere limiti inferiori e quindi SCC a maggiore valore aggiunto. La prova deve essere ripetuta riempiendo l'imbuto con il calcestruzzo precedentemente utilizzato e attendendo 5 minuti prima di rivalutare il tempo di svuotamento. Questa parte di prova fornisce indicazioni sulla stabilità del prodotto alla sedimentazione e sulla capacità del calcestruzzo di mantenere nel tempo la caratteristica di autocompattabilità. Inoltre si è rilevato che in alcuni casi, per i costituenti impiegati, solo con tempi di scorrimento bassi era possibile pompare il calcestruzzo SCC.

Il test è regolamentato dalla norma UNI 11042.

U-box test

È opportuno ribadire come la prova dello *slump-flow* consenta di acquisire utili indicazioni sulla deformabilità del materiale e sulle sue capacità di flusso. Tuttavia, la prova dello *slump-flow* non fornisce informazioni sufficienti relativamente alla mobilità del materiale in spazi ristretti. Pertanto, ai fini della valutazione dell'autocompattabilità del conglomerato è necessario integrare le informazioni desunte dalla prova dello *slump-flow* con quelle ottenibili con le apparecchiature *U-box* ed *L-box*.

Un quadro esaustivo relativamente alle proprietà reologiche dei calcestruzzi autocompattanti può essere ottenuto mediante l'apparecchiatura a forma di U (fig. 24 a) oppure a forma di scatola (fig. 25). Entrambe le apparecchiature constano di due camere separate da una saracinesca. Il calcestruzzo introdotto nella camera A fluisce, a seguito del sollevamento della saracinesca, nella camera B. Indipendentemente dal tipo di griglia la prova consiste nel misurare (fig. 24 b) l'altezza (H) del calcestruzzo nella camera B ed il tempo (t_f) necessario per raggiungerla. Per ostacolare il flusso tra le camere viene interposta una griglia metallica con un numero di 3 barre di diametro Ø10 e altezza pari a 250 mm.

La mutua distanza tra le barre e il diametro delle stesse può essere variato; le configurazioni di riferimento sono:

- 4 barre aventi diametro 10 mm con luce netta di 35 mm;
- 3 barre aventi diametro 13 mm con luce netta di 35 mm.

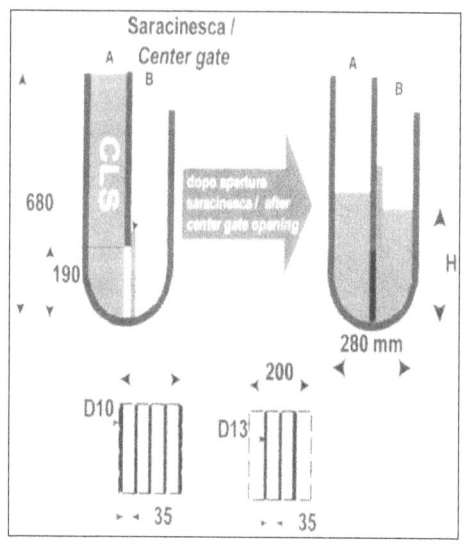

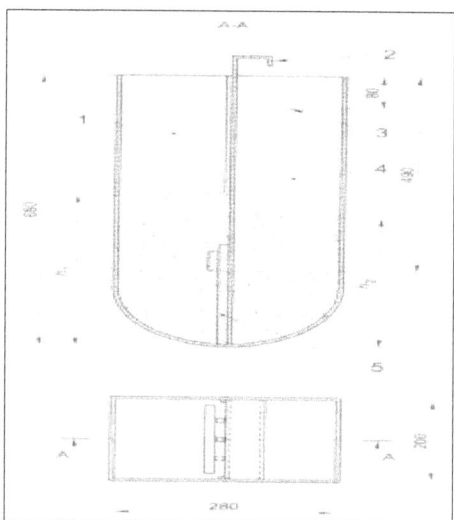

fig. 24 a,b: Geometria e dimensioni dell' U-box, spaccato scatola con altezze di rilevamento.

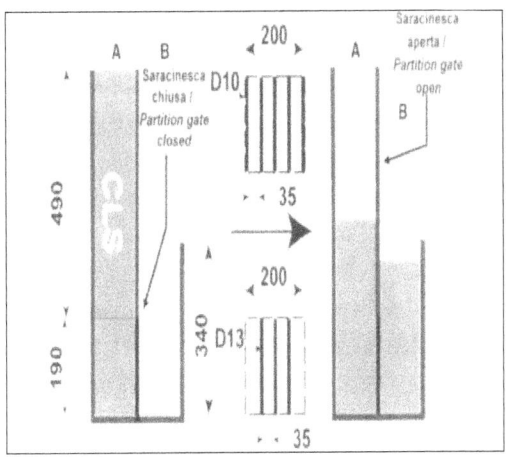

FIG. 25: Geometria e dimensioni dell'apparecchiatura a forma di scatola.

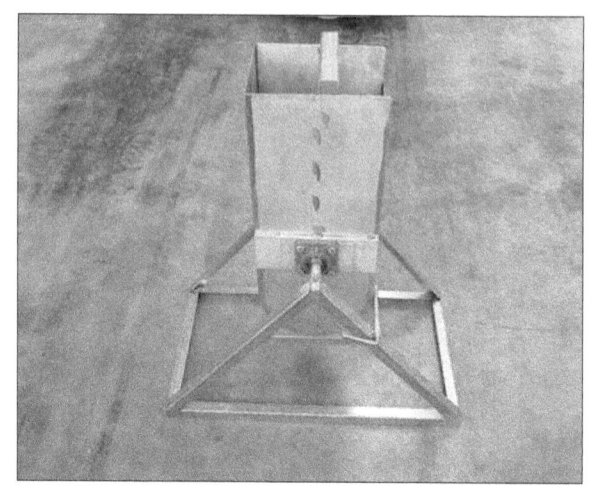

fig. 26: U-box.

fig. 27: U-box test.

Indipendentemente dalla presenza e dal tipo di griglia, si misurano le altezze medie nelle due parti della scatola h_1 e h_2 e si calcola la differenza (fig. 24 b):

$$\Delta h = h_1 - h_2 \quad \text{(UNI 11044 :2003)}$$

I valori di h_1, h_2 e di t_f sono direttamente correlati alla deformabilità, alla viscosità nonché alla mobilità del calcestruzzo in spazi ristretti. Maggiori altezze di riempimento e minori tempi per conseguirle indicano eccellenti proprietà del conglomerato di mobilità in spazi ristretti oltre che di deformabilità allo stato fresco. In linea di massima i calcestruzzi autocompattanti sono caratterizzati da altezze di riempimento maggiori di 300 mm conseguite in tempi inferiori ai 10 secondi. Questa prova risulta molto severa per i calcestruzzi superfluidi tradizionali che nella maggior parte dei casi raggiungono altezze di riempimento non superiori a 50 mm.

Un ulteriore misurazione consiste nel prelevare una porzione di calcestruzzo in prossimità delle barre sul quale determinare il contenuto di aggregato grosso (G) da comparare con il dosaggio nominale (G_0) utilizzato per il confezionamento dell'impasto. Il valore del rapporto G/G_0 è proporzionale alla segregazione di flusso del conglomerato: valori di G/G_0 prossimi ad 1 individuano conglomerati con eccellente stabilità e ridotta tendenza alla segregazione. Per la particolare conformazione, l'apparecchiatura a forma di scatola, rispetto a quella a forma di U, esalta la tendenza del conglomerato alla segregazione di flusso.

L'*U-box* è indicato soprattutto nei casi in cuoi occorre gettare il calcestruzzo autocompattante in casseri di dimensione complessa, in cui si prevede il riempimento di angoli non facilmente raggiungibili e la risalita nei casseri.

L-box test

Esistono fondamentalmente due apparecchiature a forma di L (*L-box*) per la misura delle proprietà reologiche dei calcestruzzi, le quali si differenziano essenzialmente nella disposizione delle barre di armatura che fungono da ostacolo al movimento del conglomerato cementizio. La geometria e le dimensioni di suddette apparecchiature sono riportate nelle figure 28 e 29.

La prova, indipendentemente dal tipo di *L-box* che si utilizza, consiste nel misurare a che distanza (d_f) dalla saracinesca riesce a fluire il calcestruzzo ed il tempo impiegato (t_f) e se richiesto, i tempi per raggiungere le distanze di 200 mm e 400 mm (contrassegnate sul fondo della scatola). Inoltre, viene misurata l'altezza del calcestruzzo del punto più avanzato (H_2) e quella del conglomerato nella scatola verticale (H_1). Generalmente i calcestruzzi autocompattanti raggiungono l'estremità della scatola orizzontale in tempi compresi tra 5 e 12 secondi, evidenziando rapporti H_2 / H_1 superiori a 0,80 (UNI 11043 :2003).

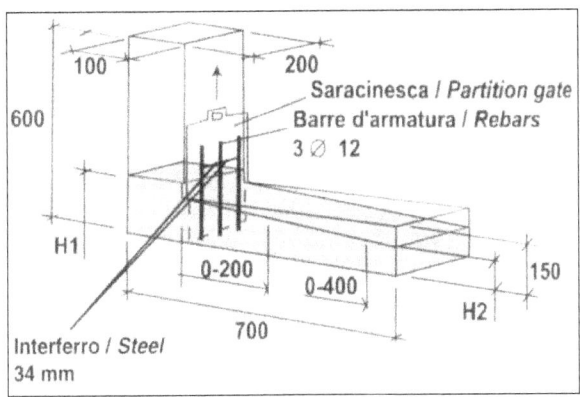

FIG. 28: L-box con armatura verticale.

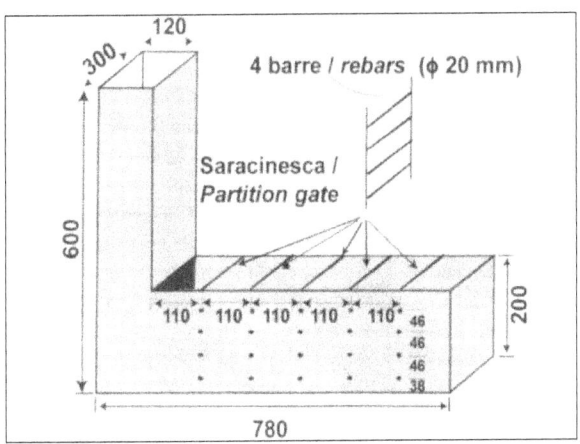

FIG. 29: L-box con armatura orizzontale.

fig. 30-31: L-box., : L-box test.

fig. 32: L-box test non riuscito (blocking).

I test condotti con le apparecchiature *L-box* consentono di avere una indicazione sufficientemente completa sulle proprietà di autocompattabilità in quanto d_f e t_f sono correlati con la deformabilità del calcestruzzo allo stato fresco, con le sue capacità di flusso oltre che con la viscosità del materiale. Il valore di H_2 / H_1 (detto anche rapporto di *blocking*), inoltre, è correlato con le proprietà di flusso in presenza di ostacoli (mobilità in spazi ristretti), come è possibile osservare dalle figure 30, 31 e 32.

Relativamente alla mobilità in spazi ristretti (e quindi all'effetto bloccaggio generato dalla collisione degli aggregati grossi) il test condotto con *L-box* ad armatura orizzontale risulta quello più impegnativo sia per il ridotto interferro nonché per l'elevato numero di ferri d'armatura con cui il calcestruzzo viene ad interagire. Pertanto, questo test va utilizzato per la valutazione dell'autocompattabilità di strutture particolarmente impegnative per geometria (sezioni sottili) e caratterizzate da una elevata percentuale di ferri d'armatura (interferro< di 50 mm

J-ring test

Anche questa prova determina la capacità del prodotto di attraversare gli ostacoli, ma ha la caratteristica di poter essere eseguita con uno strumento più semplice e di facile trasportabilità, il *J-ring* per l'appunto (fig. 33).

Il calcestruzzo è fatto defluire dallo stampo a tronco di cono (cono di Abrams), posto all'interno dell'anello a J, e, al momento dello sfilamento del cono verso l'alto, viene fatto passare attraverso barre metalliche tenute in posizione dall'anello. La proprietà del calcestruzzo autocompattante (UNI 11045) è valutata esaminando la differenza tra la misura del diametro di spandimento libero e il diametro dopo aver attraversato l'anello: in pratica, si calcola la media della lunghezza di due diametri ortogonali di spandimento e si verifica che la differenza tra lo spandimento libero misurato con lo *slump-flow* e quello dopo l'attraversamento delle barre del *J-ring* , sia minore di 5 cm. Come per tutte le altre prove è previsto dalle norme che l'aggregato non abbia dimensioni maggiori di 25 mm, altrimenti occorre variare la spaziatura delle barre dell'anello.

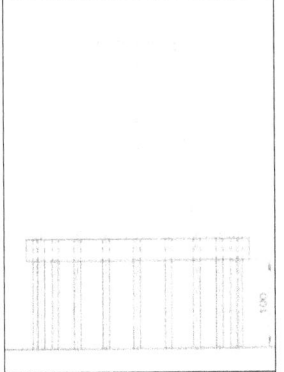
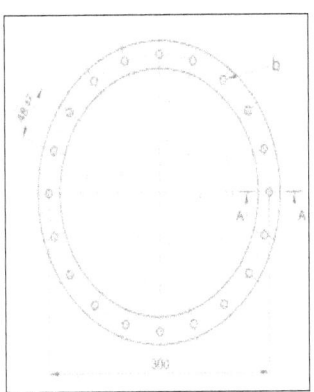
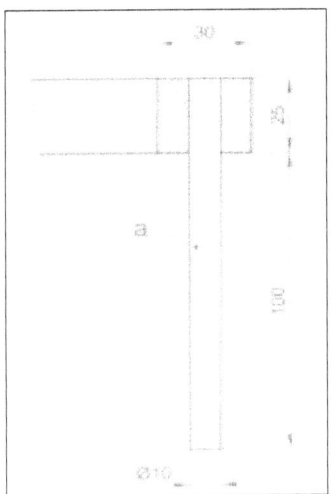

fig. 33: Geometria e dimensioni del J-ring.

La prova del *J-ring* è una prova che si presta per le sue modalità ad essere eseguita anche in cantiere. I risultati ottenuti sono di maggiore interesse nei casi di getti con alte percentuali di armature, che possono portare in alcuni casi a richiedere prescrizioni più severe sui limiti di accettazione e quindi SCC speciali. Per getti poco armati e poco complessi il valore ammesso diventa meno importante, consentendo quindi una elasticità maggiore nella interpretazione dei risultati.

fig. 34: J-ring test.

2.3. L'AUTOCOMPATTAZIONE

Abbiamo visto fino ad ora quali sono le proprietà allo stato fresco di un calcestruzzo autocompattante e quali sono i metodi per testarle.

Affinché il nostro calcestruzzo possegga proprietà autocompattanti deve arrivare, quindi, a possedere tre caratteristiche fondamentali: una eccellente deformabilità, una buona stabilità ed un basso rischio di blocco. Queste caratteristiche sono conseguibili attraverso l'osservanza di alcune regole che schematizziamo qui di seguito.

1. *Eccellente deformabilità*

    - *Aumento della deformabilità della pasta:*
        - uso dei riduttori di acqua;
        - rapporto bilanciato acqua/polveri.

    - *Riduzione dell'attrito interno:*
        - dimensione massima degli aggregati ridotta e basso volume di aggregati grossi;
        - uso di granulometria continua.

2. *Buona stabilità*

    - *Riduzione della separazione dei solidi:*
        - limitare il contenuto degli aggregati;

- riduzione della dimensione massima degli aggregati;
- aumento della coesione e della viscosità attraverso un basso rapporto acqua/polveri e l'uso di agenti viscosizzanti.

- *Riduzione del bleeding o acqua libera:*
  - basso contenuto d'acqua;
  - basso rapporto acqua/polveri;
  - utilizzo di polveri con una elevata area superficiale;
  - aumento del contenuto degli agenti modificatori di viscosità.

3. <u>*Basso rischio di blocco*</u>

- *Aumento della coesività al fine di ridurre la segregazione degli aggregati durante il getto:*
  - basso rapporto acqua/polveri;
  - utilizzo di agenti modificatori di viscosità.

- *Spazio libero compatibile tra armature e volume degli aggregati nonché con la loro dimensione massima:*
  - basso volume degli aggregati grossi;
  - limitata dimensione massima degli aggregati.

2.3.1 Il grado di compattazione

Il grado di compattazione (g_c) può essere definito come il rapporto tra la densità (o massa volumica m_v) della carota estratta dalla struttura e il peso specifico m_{v0} del provino cubico (o cilindrico) confezionato al momento del getto per determinare la R_{ck} (o f_{ck}) del calcestruzzo.

$$g_c = m_v/m_{v0}$$

È noto che il classico "cubetto" deve essere confezionato, come descrive la UNI 6127 in ottemperanza al DM del 9 gennaio 1996, dopo aver compattato il calcestruzzo all'interno della cassaforma "alla massima densità possibile". La ragione di questa precisazione della norma risiede nel fatto che, se si confezionano con lo stesso conglomerato diversi provini che differiscono per la differente cura posta nel compattarli, il risultato ottenuto, in termini di resistenza a compressione è diverso. Infatti la resistenza meccanica sarà tanto minore quanto maggiore è il volume dei vuoti (aria intrappolata) all'interno dei provini per difetto di compattazione. Poiché sul valore della R_{ck} si basa il valore commerciale, oltre che tecnico, del calcestruzzo fornito da un preconfezionatore a un'impresa, è evidente come le regole del giuoco debbano essere chiare e precise: pertanto la norma UNI 6127 precisa tutti i fattori al contorno (temperatura, umidità relativa, tempo di stagionatura e anche il modo di compattare i provini) che possono condizionare il risultato per valutare correttamente la resistenza meccanica del materiale fornito.

Poiché il valore della R_{ck} così determinato si riferisce al calcestruzzo fornito alla bocca dell'autobetoniera, e successivamente trattato come la norma prescrive, è evidente che la resistenza meccanica determinata sulla carota estratta dalla struttura non necessariamente equivale a quella del cubetto o del cilindro se anche il calcestruzzo gettato in opera non ha subito lo stesso trattamento.

La deviazione (ΔR) tra la resistenza del provino e quella della carota (fig. 35) può essere dovuta a una differenza nella stagionatura umida, nella temperatura e appunto nel grado di compattazione.

I primi due parametri non influenzano significativamente questa deviazione se la carota viene privata, durante l'operazione di rettifica, delle due facce circolari da sottoporre a schiacciamento sotto la pressa, di un certo spessore (1-2 cm) dalla parte della faccia esposta all'ambiente e quindi presumibilmente non stagionata a umido come l'interno della carota.

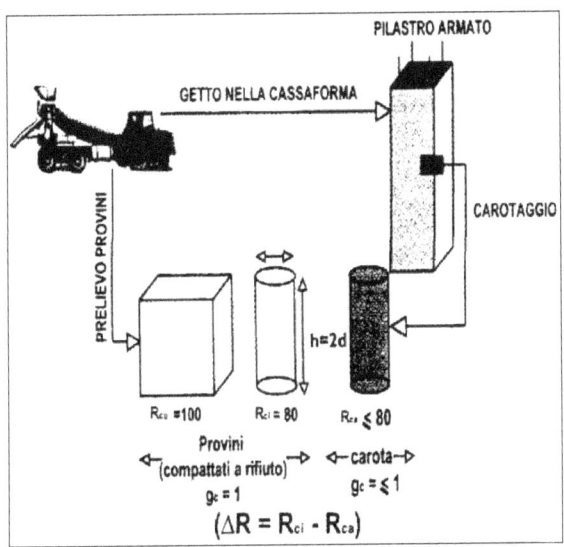

fig. 35: Confronto della resistenza meccanica dei provini compattati a rifiuto e della carota estratta dalla struttura.

Pertanto confrontando la resistenza meccanica del provino con quella della carota, la deviazione ΔR è quasi esclusivamente correlata con il diverso modo di compattare il calcestruzzo del provino e quello della struttura (g_c).

È stato possibile correlare ΔR con g_c :

$$\Delta R = (1 - g_c) * 500$$

Dove ΔR è la differenza tra la resistenza meccanica del provino cilindrico (R_{ci}) o cubico ($0{,}80\ R_{cu}$) e quella della carota (R_{ca}).

2.4. PROPRIETA' ALLO STATO INDURITO (confronto con cls tradizionale)

Vi è una crescente evidenza che il concetto di SCC sta creando miglioramenti nella microstruttura del materiale. Importanti meccanismi, sostenuti dalla teoria, sono quelli basati su una migliore nucleazione per l'idratazione, migliore ritenzione dell'acqua, una più densa zona di transizione interfacciale ed una migliore omogeneità della microstruttura.

I miglioramenti microstrutturali nella tecnologia dell'SCC si trasformano in miglioramenti della resistenza meccanica.

Le misure deformazionali dell'SCC non sono state studiate estensivamente. I risultati di queste prove indicano che talvolta l'SCC ha deformazioni maggiori e talvolta ha deformazioni minori rispetto al calcestruzzo tradizionale. Solo pochi studi sono stati indirizzati alla comprensione dei meccanismi attraverso i quali si potrebbe sviluppare una più generale informazione.

La microstruttra fisica e la composizione chimica indicano che la durabilità dell'SCC può essere significativamente migliorata rispetto a quella del calcestruzzo tradizionale. Questo è stato verificato in studi che mettevano in relazione le caratteristiche microstrutturali con i processi di trasporto, i processi di idratazione, ecc.. La migliorata durabilità dell'SCC è ancora usata solo come un "bonus" ma è probabile che in futuro contribuirà all'ottimizzazione ed al risparmio dei costi.

Si può ragionevolmente ipotizzare che una ridotta tendenza alla segregazione ed una migliore ritenzione d'acqua possano provocare una più densa zona di materiale intorno alle barre di armatura provocando così una buona aderenza. Una miscela meno fluida, cioè troppo viscosa, potrebbe non essere in grado di incapsulare completamente le barre di armatura provocando così una riduzione dell'aderenza. Molti studi sembrano dimostrare che l'aderenza tra le armature e l'SCC è da ritenere migliore o al minimo uguale alla situazione corrispondente che si realizza in un calcestruzzo tradizionale. Studi futuri sull'argomento, supportati da adatti metodi di valutazione dell'SCC in relazione alle proprietà di flusso, potranno probabilmente in futuro eliminare i dubbi e le restrizioni dei codici che ancora esistono in alcuni paesi circa l'aderenza dell'SCC alle armature metalliche.

La microstruttura dell'SCC si è dimostrata essere più densa dei calcestruzzi tradizionali. Nel caso che i materiali siano saturi di umidità, l'incendio in un materiale con una struttura densificata potrebbe provocare il distaco corticale a causa della rapida crescita della pressione interna. In condizioni più asciutte è molto probabile che l'umidità abbia il tempo di evacuare il materiale prima di raggiungere una pressione interna critica. A causa della sua struttura più densa, l'SCC ha una maggiore sensibilità al carico d'incendio, così come avviene per i calcestruzzi ad alte prestazioni. Sembra che ci siano state poche prove d'incendio eseguite sull'SCC e le conclusioni non sembrano molto chiare.

Sono state eseguite prove sulle strutture sature di vapore che simulato lo stato di umidità che si verifica per esempio nelle gallerie, mentre è piuttosto limitata l'informazione sullo stato di umidità nelle strutture degli edifici.

Confronto fra SCC e calcestruzzi ordinari

L'obbiettivo di questo studio è quello di confrontare i calcestruzzi autocompattanti (SCC) e quelli tradizionali (VC) a parità di resistenza meccanica a compressione, in termini di deformazioni differite e di durabilità fisico-chimica. In particolare sono state confrontate diverse miscele di SCC e VC, aventi la stessa resistenza meccanica, ponendo l'attenzione dal punto di vista meccanica sul Ritiro e "Creep" mentre dal punto di vista chimico-fisico sulle proprietà di trasporto. Sono state verificate numerose classi di resistenza. Si presenta il confronto fra due formulazioni aventi resistenza cilindrica di 40 N/mm² (C40). Le due miscele per la classe C40 sono state ottenute utilizzando gli stessi materiali:

- aggregati silicei alluvionali di differenti frazioni: sabbie 0/0.315, 0.315/1, 1/4, e ghiaie 4/8, 8/12;
- un filler calcareo come aggiunta per gli SCC;
- un CEM I 52,5 N come cemento;
- un superfluidificante di natura acrilica.

I due calcestruzzi sono stati progettati con lo stesso dosaggio di cemento. Nelle tabelle 4 e 5 sono riportate la composizione e le caratteristiche delle due ricette.

Composizione (kg/ m³)	Mix	
	SCC40	VC40
Cemento	350	350
Filler	140	-
Sabbia	888	962
Ghiaie	791	857
Superfluidificante	13,3	8,12
Acqua totale	198,9	189,3
Acqua efficace	186,5	175,8

Tabella 4: Mix design.

Proprietà	Mix	
	SCC40	VC40
G/S (in massa)	0,89	0,89
Volume di pasta (l/m³)	362	295
Acqua efficace/c	0,53	0,50

Tabella 5: Caratteristiche delle due composizioni.

I calcestruzzi ordinari sono stati messi in opera utilizzando le tradizionali attrezzature di vibrazione, mentre per gli SCC non si è fatto uso di alcun dispositivo di vibrazione o compattazione. Dopo il confezionamento i provini sono stati conservati in film di plastica per evitare l'evaporazione dell'acqua. Lo scassero è stato eseguito dopo un giorno.

Le proprietà del calcestruzzo fresco per ogni mix sono riassunte nella tabella 6.

Mix	Slump/Slump-flow (cm)	Riempimento (L-box test)	Contenuto di aria (%)
SCC40	74 (slump-flow)	0,94	1,3
VC40	20 (slump)	-	4,1

Tabella 6: Proprietà del calcestruzzo fresco.

Le resistenze a compressione dei due tipi di calcestruzzi sono simili (i valori più elevati ottenuti per gli SCC possono essere spiegati considerando la presenza del filler calcareo) come riportato in figura 36.

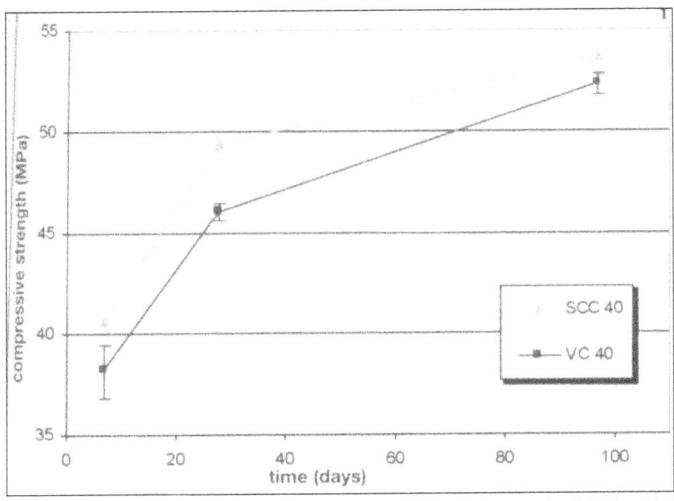

FIG 36: Resistenza a compressione delle miscele SCC e VC.

Gli SCC e i VC presentano un ritiro endogeno e totale equivalenti fino a 90 giorni. Le deformazioni degli autocompattanti sembrano poi divenire leggermente più alte rispetto a quelle dei calcestruzzi normali (fig. 37).

Lo scorrimento viscoso sotto carico (creep) degli SCC è più elevato di quello dei calcestruzzi ordinari (fig. 38).

La permeabilità degli SCC è inferiore a quella dei calcestruzzi ordinari (fig. 39).

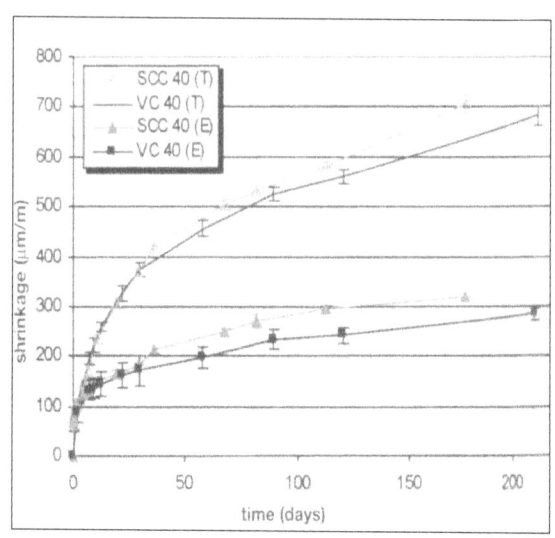

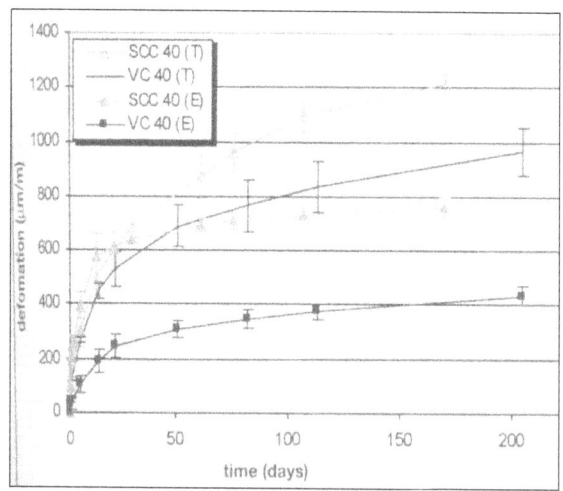

FIG. 38: Creep di SCC e VC.

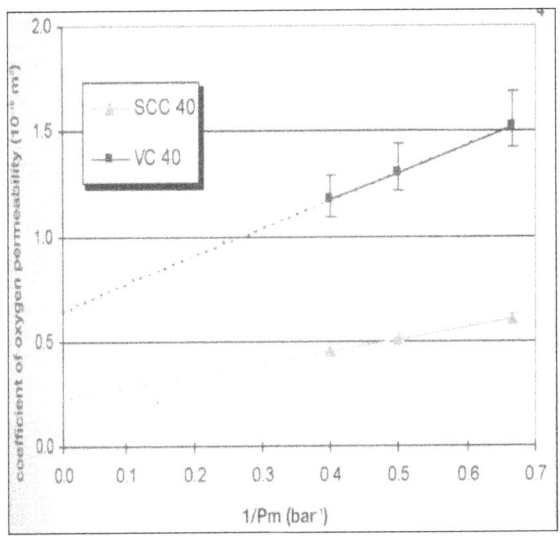

PROPORZIONAMENTO DEGLI SCC

Al fine di conseguire entrambe le proprietà richieste per l'ottenimento dell'autocompattabilità, quali resistenza alla segregazione e deformabilità allo stato fresco, è opportuno ricorrere all'impiego congiunto di additivi super/iperfluidificanti e agenti modificatori di viscosità (AMV). I primi vengono utilizzati, mantenendo fisso il rapporto acqua/cemento, per aumentare la lavorabilità del calcestruzzo e, quindi, per conseguire un sufficiente valore di f e una drastica riduzione di η_2. L'impiego degli agenti modificatori di viscosità, invece, è finalizzato ad un miglioramento della resistenza alla segregazione di flusso attraverso un incremento della viscosità plastica η_1 senza modificare η_2. Tuttavia, per l'ottenimento di un calcestruzzo autocompattante è necessario associare all'utilizzo degli additivi menzionati un corretto proporzionamento degli ingredienti del calcestruzzo. A questo proposito, dal punto di vista reologico il calcestruzzo può essere schematizzato come un sistema costituito da due fasi di cui una, la pasta (acqua, cemento e polveri finissime di dimensioni inferiori a 0,150 mm), costituisce il *fluido trasportatore*; l'altra, invece, costituita dagli aggregati lapidei, rappresenta la fase "trasportata". Pertanto, la reale possibilità di confezionare un calcestruzzo autocompattante di elevata fluidità è associata alle necessità di aumentare il volume di materiale finissimo, che costituisce il fluido trasportatore, a scapito di un minor volume di aggregato, ed in particolare di quello grosso, che, invece, deve essere trasportato. Una regola pratica è quella di garantire un volume di materiale finissimo compreso tra 500 e 600 kg/m^3.

Un sufficiente volume di materiale finissimo, tuttavia, non può essere ottenuto mediante il solo incremento del dosaggio di cemento, per gli inevitabili rischi di fessurazione dei getti conseguenti ai maggiori gradienti termici oltre che ad una minore stabilità dimensionale (ritiro idrometrico elevato); il contenuto di cemento dovrebbe in generale risultare non minore di 350 kg/m^3 ,verificando che il volume della pasta (cemento, aggiunte, additivi e acqua) sia di almeno 400 litri/m^3. Pertanto, il confezionamento dei calcestruzzi autocompattanti si basa sull'utilizzo combinato di cemento e di materiale finissimo con lenta o pressoché nulla velocità di sviluppo del calore quali cenere volante, calcare macinato, loppa d'altoforno, metacaolino, ecc.

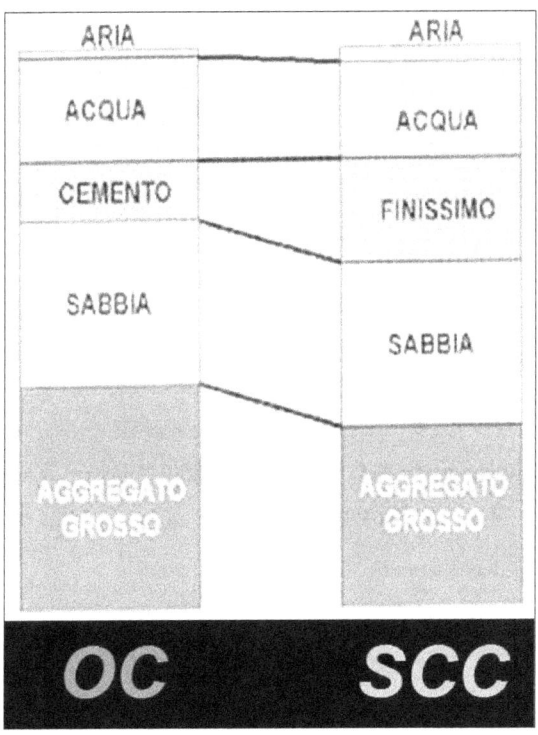

fig. 40: Differenze in termini composizionali tra un calcestruzzo tradizionale S5 (OC) e un SCC.

La limitazione del volume di aggregato grosso si rende necessaria, non solo per diminuire la fase del sistema che deve essere trasportata, ma soprattutto per ridurre il numero di collisioni tra i granuli dell'elemento lapideo responsabili del fenomeno di bloccaggio del calcestruzzo (*blocking*) in prossimità di restringimenti di sezione o di zone particolarmente congestionate dalle armature. Per questo motivo una regola pratica è quella di limitare il volume di aggregato grosso a 340 l/m^3.

Inoltre, al fine di non pregiudicare le proprietà di deformabilità allo stato fresco è opportuno garantire che il rapporto tra l'acqua e il materiale finissimo risulti compreso tra 0,31 e 0,36 (in peso) o 0,85 e 1,20 (in volume).

La fig. 40 evidenzia le principali differenze composizionali tra calcestruzzi tradizionali, aventi classe di consistenza S5, e autocompattanti.

Riassumendo si opera come segue:

1. si effettua una valutazione complessiva delle prescrizioni relative al calcestruzzo SCC da progettare (strutturali, operative, ambientali e prestazionali);

2. si individua il contenuto di cemento e del rapporto a/c in modo da soddisfare i requisiti di resistenza meccanica, durabilità, impermeabilità all'acqua, e di protezione dei ferri d'armatura previsti in sede progettuale; il contenuto

di cemento dovrebbe in generale non risultare minore di 350 Kg/m^3;

3. si determina il contenuto di filler per ottenere un totale di finissimi (cemento, aggiunte e finissimi da aggregati) pari a 500-600 Kg/m^3;
4. si verifica che il volume di pasta (cemento, aggiunte, additivi e acqua) risulti di almeno 400 litri/m^3;
5. si individua il contenuto unitario in acqua e il rapporto acqua/finissimi compreso tra 0,31-0,36 (in peso) o 0,85-1,20 (in volume);
6. si determina la quantità di aggregato grosso con un rapporto ponderale sulla sabbia di 1;
7. si calcolano le quantità degli additivi in percentuale sul peso totale dei finissimi, in base alle indicazioni dei rispettivi produttori e alle proprietà ottenute nelle prove di qualifica;
8. si aggiunge secondo necessità un additivo modificatore di viscosità.

2.5 ESEMPIO DI CALCOLO

REQUISITI DI PROGETTO

Calcestruzzo con Rck 35 N/mm² in classe di esposizione ambientale XC3: rapporto a/c_{max} 0,55; D_{max} 20 mm.

CONTENUTO DI CEMENTO

Poiché la quantità d'acqua efficace prevista è pari a 190 litri/m³, il contenuto di cemento risulta pari a:

c = (190/0,55)≈345 Kg/m³ circa paria 350 Kg/m³.

CONTENUTO TOTALE DI FINISSIMI

Si esegue una prova iniziale con 545 Kg/m³ di finissimi: 545-345=200 Kg di filler calcareo come aggiunta, escludendo la presenza di finissimi dell'aggregato.

RAPPORTO ACQUA/FINISSIMI

Per ottenere una sufficiente viscosità iniziale si adotta:

190/545 =0,35 compreso tra 0,31 e 0,36.

VOLUME ADDITIVO

Viene definito assumendo che la massa volumica dell'additivo sia pari 1,1 Kg/litro; viene dosato in quantità pari all'1% del quantitativo di finissimi:

(545*0,01*1,1)=6 litri.

VOLUME PASTA

Viene definita assumendo una massa volumica dei finissimi pari a 2,56 Kg/litro:

(345/3,10)+(200/2,56)+190+6=111+78+190+6=385>380 litri.

AGGREGATI Aggregato grosso: 320 litri.

Aggregato fine: (1000-385-320)=295litri.

Capitolo III

MATERIALI COMPONENTI DELL'SCC

3. INTRODUZIONE

Lo sviluppo di nuove materie prime, come anche una migliore comprensione sui meccanismi di come esse agiscano, è stato di fondamentale importanza per lo sviluppo degli SCC. Vi sono stati significativi sviluppi finalizzati agli SCC nel settore dei superfluidificanti, nei modificatori di viscosità come anche di materiali minerali fini. Pochi tentativi sono stati registrati per produrre cementi modificati allo scopo di produrre SCC, ma questo potrebbe avvenire più frequentemente in futuro. Recentemente è stato lanciato sul mercato un cemento per l'SCC contenente già una adeguata quantità di particelle fini ed additivi.

I fornitori di materie prime stanno certamente giocando un ruolo molto attivo nello sviluppo dell'SCC ed il suo impato continuerà ad essere molto forte. L'SCC, come anche il calcestruzzo tradizionale, deve impiegare gli aggregati localmente disponibili per ridurre il costo di produzione. L'influenza delle frazioni fini di questi aggregati sulle proprietà del materiale sono molto più pronunciate per l'SCC che per il calcestruzzo tradizionale pertanto occorre adottare mix-design sviluppati localmente. Modelli di mix-design possono essere adottati solo come guida per la produzione di SCC, ma l'uso di ricette basate su SCC sviluppati in altri luoghi ha una scarsa possibilità di essere applicata con successo.

3.1 CEMENTO

Possono essere utilizzati tutti i tipi e classi di cemento conformi alla UNI 197 dopo averne verificata sperimentalmente la compatibilità con gli additivi specifici per SCC. La scelta del cemento viene effettuata in funzione delle caratteristiche prescritte del calcestruzzo autocompattante, dalla resistenza meccanica richiesta, dalla classe di esposizione e dal minimo dosaggio di fini necessario (fig. 1).

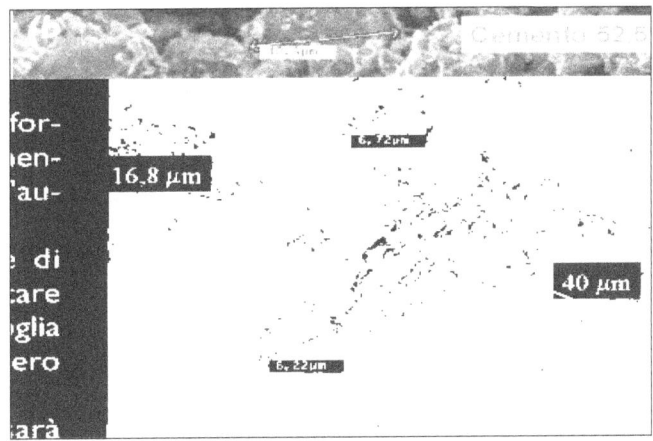

FIG 1: Granuli di cemento al microscopio elettronico a scansione

3.2 AGGIUNTE

Secondo la norma UNI 9858, vengono definite "aggiunte" i materiali inorganici finemente suddivisi che possono essere addizionati al calcestruzzo per modificarne prestazioni e caratteristiche.

Le polveri sono tutti i materiali fini di dimensione minore di 0,1 mm.

Nell'SCC le polveri sono essenziali, poiché come accennato precedentemente tale calcestruzzo per riuscire a non segregare, deve essere composto da una malta molto consistente, ricca di parti fini che riescano a trasportare gli aggregati grossi mantenendoli in sospensione.

Il cemento, però, non può essere l'unico fine nell'SCC, in quanto questo tipo di calcestruzzo ne richiederebbe un'alta quantità al fine di rendere la malta in grado di svolgere il suo compito e ciò non è possibile utilizzando soltanto il cemento per l'alto calore di idratazione, l'elevato ritiro idrometrico e deformazione viscosa.

Ecco perché vi è la necessità di trovare dei materiali alternativi che non solo assolvano la funzione di migliorare la granulometria dell'impasto, ma possibilmente ne esaltino o migliorino certe caratteristiche.

Vengono definite aggiunte, secondo la norma UNI 9858, i materiali inorganici finemente suddivisi che possono essere addizionati al calcestruzzo per modificarne le caratteristiche o per ottenerne di speciali.

Aggiunte che aumentando la viscosità contribuiscono a evitare la segregazione del calcestruzzo.

Sono generalmente idonee le aggiunte di tipo 1:

- Filler calcarei conformi alla EN 12620,
- Pigmenti conformi alla EN 12878,

e le aggiunte di tipo 2:

- Ceneri volanti conformi alla EN 450,
- Pozzolane naturali finemente macinate,
- Loppe basiche d'altoforno finemente macinate.

Per quanto anche i fumi di silice (conformi alla EN 13263-1) aumentino sensibilmente la viscosità e impediscano la segregazione del calcestruzzo, se ne valuterà di volta in volta l'impiego in relazione alle particolari prestazioni da raggiungere. Le aggiunte maggiormente utilizzate in Italia sono le ceneri volanti e i filler calcarei.

3.3 I filler

L'aggiunta di parti fini (massimo 125 μm) può influire sul calcestruzzo in tre modi:

- a livello fisico come effetto riempimento, quando le parti aggiunte riempiono i vuoti intergranulari tra le parti di cemento e così migliorano la compattezza del calcestruzzo;

- a livello chimico di superficie, quando le parti aggiunte accrescono l'idratazione agendo come siti di nucleazione, divenendo una parte integrata della pasta di cemento;

- a livello chimico, quando le parti reagiscono con i componenti del cemento (per esempio idrossido di calcio) formando gel di cemento.

La densità di un materiale composito è fortemente influenzata dalla distribuzione della grandezza delle parti relative, cioè dal rapporto tra la grandezza delle parti. L'impacchettamento binario delle parti sferiche con vari rapporti di grandezza mostra che la frazione di volume del solido aumenta da circa 0,63 per il compattamento di ciascuna delle frazioni individuali, a 0,70 per una miscela di parti grandi e fini con un rapporto di misura di soltanto 3,5:1, e a 0,84 per un rapporto di misura maggiore di 16:1. Il compattamento più denso nelle miscele binarie è ottenuto con un elevato rapporto fra parti grandi e fine. Quando il rapporto è piccolo la densità del compattamento è ridotta a causa dell'effetto parete e dell'effetto bloccaggio. Senza questi effetti, il compattamento al 100% si potrebbe raggiungere con miscele di molti componenti riempiendo gli spazi con particelle di dimensioni che si riducono gradualmente.

L'effetto parete è un fenomeno di compattamento nel calcestruzzo fresco che si verifica quando la quantità di liquido richiesta per riempire lo spazio fra le particelle più sottili e l'aggregato più grosso è maggiore di quella all'interno della pasta (fig. 2). La concentrazione di granuli di clinker anidri diviene più bassa nelle vicinanze dell'aggregato grosso (quello forma il muro) e l'ammontare della quantità di granuli di clinker più piccoli sarà maggiore nei pressi dell'aggregato. Il compattamento meno denso darà un rapporto a/c più alto e quindi un impasto più poroso, che abbasserà la resistenza in queste zone e quindi influirà sulla resistenza del calcestruzzo nel suo insieme. L'aggiunta di filler ultrafine al calcestruzzo migliorerà il compattamento riempiendo i piccoli spazi fra le particelle di cemento e la parete di aggregato. Inoltre le particelle piccole aiuteranno a migliorare la distribuzione del prodotto d'idratazione.

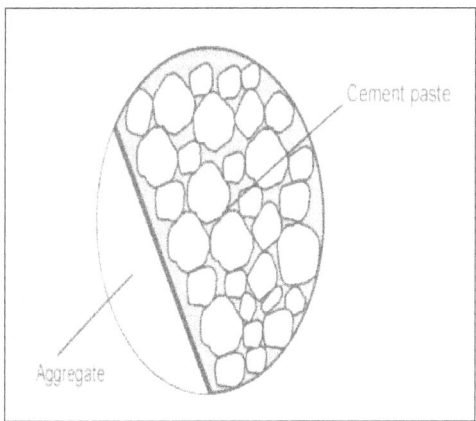

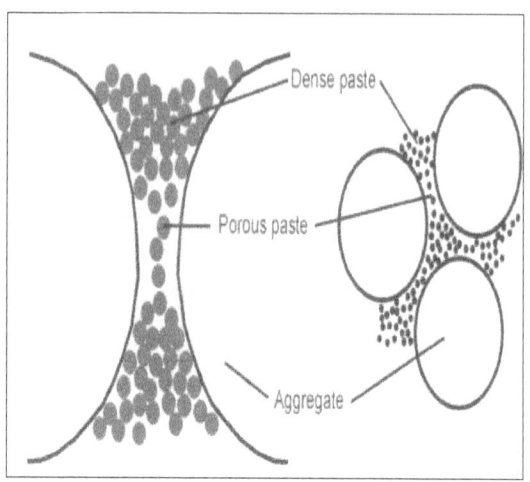

FIG.2-3: L'effetto bi-parete.

Il bloccaggio è causato dalla mancanza di spazio per le parti piccole nelle zone strette tra gli aggregati grossolani. Quando gli aggregati giacciono vicini, l'acqua passerà nei vuoti interparticellari, ma le aperture sono troppo piccole per lasciar passare i grani di cemento. Tale effetto è detto anche effetto bi-parete (fig. 3).

Nella letteratura sul calcestruzzo, si afferma spesso che i sistemi di parti fini richiedono più acqua a causa della loro area di superficie maggiore. Questo è vero nei casi in cui il superfluidificante non venga usato; un cemento più fine richiede più acqua, non a causa dell'area di superficie, ma perché le forze superficiali di chiusura hanno un effetto maggiore in un sistema di parti fini che su uno di parti grossolane. È anche in accordo con l'esperienza affermare che la richiesta di acqua per il calcestruzzo diminuisce con l'aumentare della grandezza dell'aggregato più grande. Questo si spiega non per il fatto che gli aggregati più grandi hanno una superficie più piccola da coprire con l'acqua, ma piuttosto si spiega con l'effetto parete-barriera. Un sistema di particelle con una serie maggiore di ordini di grandezza compatta ad una densità più alta di un sistema con meno ordini di grandezza dei diametri, lasciando meno spazio per l'acqua.

Stovall e altri hanno presentato un Modello di Densità di Compattamento Lineare per sistemi compatti che comprendono parti di forme e grandezze differenti. Il modello include l'effetto allentamento, cioè le parti più piccole "allentano" il compattamento di quelle più grandi e l'effetto parete. Le parti piccole ridurranno anche la frizione fra gli aggregati più grandi. La densità di compattamento di ciascuna classe di grandezza è data come una densità di compattamento di una misura unica. Le basi del modello sono che, in un sistema compatto, almeno una classe di grandezza è completamente compattata, cioè, almeno la classe di una sola misura occupa il volume massimo permesso dalla presenza delle altre classi di grandezza nella miscela. Il calcestruzzo autocompattante segue lo stesso concetto; la fluidità viene mantenuta tenendo gli aggregati separati con una massa fluida di parti piccole, che a loro volta sono separate da parti più piccole, e così via. Per mantenere il rapporto a/c basso e mantenere ancora una omogeneizzazione più adatta del cemento e del filler, l'uso del superfluidificante è imperativo.

Il compattamento ottimale di un materiale formato da parti di diversa misura implicherebbe che non ci siano vuoti interparticellari. Comunque, mentre questo renderebbe più denso il materiale, renderebbe anche la struttura rigida, a causa della frizione interna tra le parti. Un compattamento efficiente degli aggregati e dei filler nel calcestruzzo, considerando il bisogno di lavorabilità, significa che il volume relativo di ciascuna frazione aumenta con il diminuire della grandezza delle parti. Ci devono essere più frazioni delle parti più piccole per riempire i vuoti tra le grandi. Le parti piccole agiscono come un mezzo fluido che scorre tra le parti più grandi.

Un superfluidificante dissolve i filamenti e disperde le parti, il che risulta in un compattamento di parti più allentate ma più omogenee. Le particelle di polvere ultrafine che formano uno strato elettrico doppio dopo l'assorbimento del superfluidificante, saranno più efficaci nel riempire gli spazi tra le parti di cemento e nel disperdere tali particelle. Come risultato, la fluidità della pasta di cemento aumenta. Secondo Nehdi, la lavorabilità si ottiene con il compattamento delle parti più dense, poiché l'acqua assorbita non riempirà soltanto i vuoti, ma aumenterà anche lo spessore dello strato di acqua intorno alle parti, che a sua volta farà diminuire la viscosità e migliorare le proprietà di flusso. In un sistema cemento/filler, l'ammontare dell'acqua libera è diminuito, e la maggior parte dell'acqua è assorbita sulla superficie dei grani o intrappolata dentro i filamenti delle parti. Attraverso questa azione sui carichi di superficie, un superfluidificante può parzialmente liberare l'acqua assorbita come strato di superficie, ma non può diminuire l'ammontare dell'acqua libera. Quindi, un superfluidificante è più efficace in un sistema di parti dense con un'area di superficie alta, ed ha soltanto un effetto limitato in un sistema poroso a bassa densità.

I filler possono essere sia pozzolanici che non pozzolanici.

1. *Filler pozzolanici*

Allo stato iniziale dell'idratazione gli effetti chimici di superficie e fisici sono importanti per il calcestruzzo giovane e fresco, mentre future reazioni pozzolaniche iniziano più tardi e influiscono sul calcestruzzo indurito. Il silicio, in principio, è instabile nell'alto PH del calcestruzzo. Silicio amorfo,quarzo disordinato e cristobalite meta-stabile sono pozzolane classiche. Normalmente, il quarzo è considerato un materiale inerte, ma un quarzo con una struttura di granuli ordinati reagirà anche se ha un'area di superficie molto alta cioè parti molto fini.

Esperimenti fatti in laboratorio usando il quarzo mostrano che il puro effetto chimico, cioè l'effetto pozzolanico, può essere riscontrato solo misurando la resistenza a lungo termine. La sostituzione del cemento con filler di quarzo porta ad una diminuzione della resistenza di compressione e ad un incremento del rapporto a/c (fig. 4);dalla fig. 5 si nota come il decremento di resistenza sia più accentuato rispetto a quello che si avrebbe in un calcestruzzo standard. Nel seguente esperimento si è poi ottenuto un incremento di resistenza sostituendo l'aggregato con il filler (tabella 1). La tabella 2 mostra l'effetto di quantità diverse di filler aggiunte al calcestruzzo .

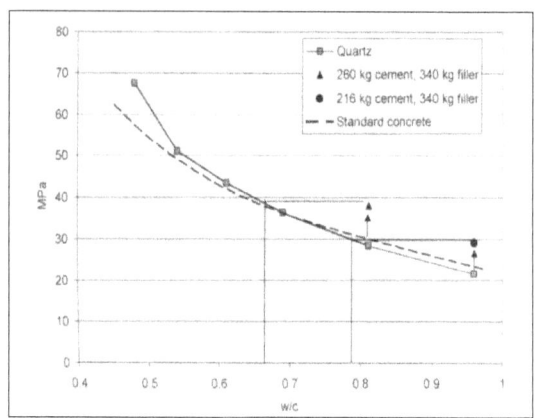

FIG. 4: Resistenza a compressione.

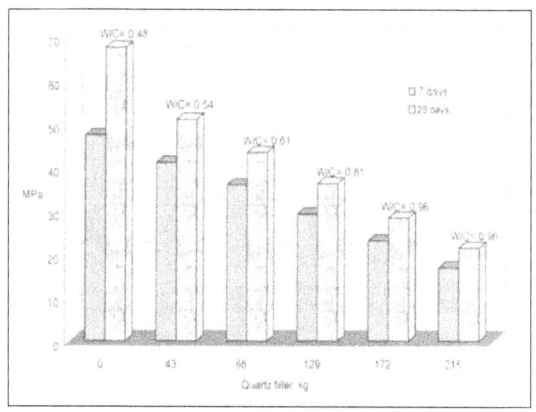

FIG 5: Relazione tra Rc e a/c.

Filler (kg)	Cemento 216 kg	w/c=0,96	Cemento 260 kg	w/c=0,81	Cemento 260 kg	w/c=0,96
	7 giorni (MPa)	28 giorni (MPa)	7 giorni (MPa)	28 giorni (MPa)	7 giorni (MPa)	28 giorni (MPa)
216	-	-	24,4	32,6	16,5	17,3
260	12	17,7	24,6	33	19,5	20,9
300	15,5	21,9	24,3	32,3	19,8	21,2
343	16,8	23,1	27	36,4	21,2	22,2
386	17,5	24,2	28,9	38	20,5	22,1
433	18,9	26,6	-	-	-	-

Tabella 1: Resistenza a compressione per calcestruzzo con aggregato rimpiazzato da quarzo.

	Filler (kg)	0	86	172	300
Cemento 260 kg	7 giorni (MPa)	20,8	22,2	24,8	25,1
w/c=0,81	28 giorni (MPa)	25,7	27	29,4	30,4

Tabella 2: Resistenza a compressione, gli effetti di diverse aggiunte di filler nel calcestruzzo.

2. *Filler non pozzolanici*

Tra i filler non pozzolanici, filler di calcare (fig. 6) e fini di dolomite sono i più frequentemente usati per aumentare il contenuto di particelle fini nella miscela dell'SCC.

La polvere di calcare è costituita principalmente da carbonato di calcio ($CaCO_3$) e viene utilizzata quando si vuole contenere le resistenze senza diminuire le quantità di polveri.

Al fine del confezionamento dell'SCC il calcare rappresenta un materiale facilmente reperibile e soprattutto più calibrato in quanto se ne può scegliere il modulo di finezza.

Il profilo economico è da valutare poiché attualmente il calcare che potrebbe essere impiegato nell'SCC è lo stesso che viene utilizzato dall'industria farmaceutica e quindi con un alto grado di purezza; nel caso in cui esso diventi un filler auspicabile per il calcestruzzo autocompattante, e quindi utilizzato in grande scala, probabilmente se ne richiederà uno con un grado di purezza inferiore, con relativo contenimento dei costi.

Attualmente comunque il calcare non risulta essere particolarmente costoso, e ciò lo rende adatto al nostro scopo.

Esso risolve le problematiche della prefabbricazione, poiché essendo una polvere di colore bianco, non lascia gli inestetismi che causa la cenere volante e ei manufatti risultano avere un bel facciavista.

Si consiglia di non utilizzare filler il cui diametro massimo sia maggiore di 0,125 mm e di cui il comportamento reologico non sia stato verificato, in quanto potrebbero richiedere una quantità maggiore d'acqua d'impasto, compromettere alcune caratteristiche del calcestruzzo (per esempio il pompaggio) e ridurre il tempo di mantenimento della lavorabilità della miscela.

Secondo la UNI 11040:2003, il filler deve essere accompagnato da una documentazione relativa alla finezza espressa in termini di superficie specifica di Blaine. Si deve inoltre verificare che le aggiunte non abbiano effetti negativi sulla resistenza meccanica, la durabilità e gli effetti cromatici del calcestruzzo.

L'aggiunta di un filler calcareo al cemento Portland ha numerosi effetti sulle proprietà del calcestruzzo fresco e indurito. I grani di filler calcareo agiscono come siti di nucleazione per i prodotti di reazione CH e C-S-H allo stato fresco, e accelerano l'idratazione del clinker, specialmente C_3S, risultanti in un miglioramento della resistenza iniziale. I carboalluminati sono formati dalla reazione tra filler calcareo e C_3O. Il miglioramento della compattazione delle particelle fini può migliorare considerevolmente la stabilità e la lavorabilità del calcestruzzo fresco, così come può aumentare la densità della matrice della pasta e la zona di transizione interfacciale nel calcestruzzo indurito. Grazie al raffinamento e alla aumentata tortuosità del sistema di pori, l'aggiunta di filler calcareo modifica anche la variazione di umidità nel calcestruzzo, che controlla gli sforzi di ritiro e di fessurazione. Così, paragonato al calcestruzzo normale con lo stesso tipo di cemento Portland e di rapporto a/c, il calcestruzzo con elevato contenuto di filler calcareo e adatta distribuzione della grandezza delle parti possiede generalmente caratteristiche di resistenza migliorate.

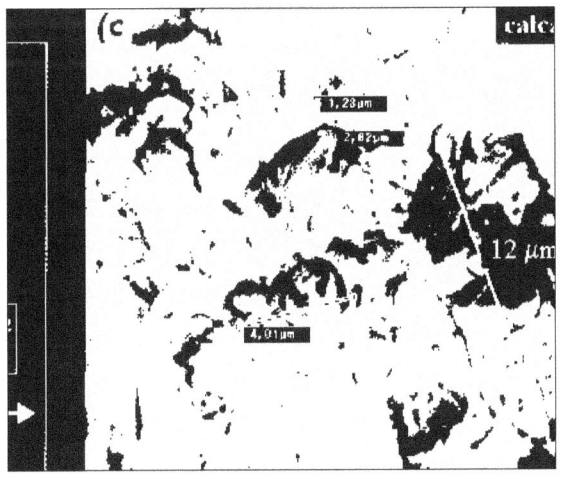

fig. 6: Particelle di calcare al microscopio elettronico a scansione.

Vengono di seguito riportati i risultati di alcuni test eseguiti per studiare l'influenza di due filler calcarei ad alta purezza sulle caratteristiche di resistenza e sulle proprietà fresche delle miscele di SCC. Uno era il calcare finemente frantumato e l'altro era polvere di calcare. Le miscele di SCC sono state preparate usando aggregato di calcare frantumato in modo grossolano e un agente di viscosità, e il loro contenuto di cemento variava da 380 a 390 Kg/m^3. tenendo conto dei materiali e del mix-design usati in questi studi, le conclusioni che si possono trarre sono le seguenti:

- Usando un filler calcareo con una finezza ed una gradualità che può migliorare il compattamento delle particelle e la deformabilità della pasta cementizia, la quantità di acqua di miscela può essere considerevolmente ridotta. In questo studio, il rapporto a/c è stato ridotto da 0,48 a 0,45, sostituendo il filler frantumato in modo più grossolano con la polvere di calcare più fina e meglio graduata.

- Le miscele di SCC con un alto volume di cemento-filler calcareo possono sviluppare resistenze a compressione a 28 giorni più alte o più basse rispetto a quelle di un calcestruzzo vibrato con lo stesso contenuto di cemento e di rapporto a/c, ma senza filler. Le caratteristiche di resistenza degli SCC sono correlate alla finezza e alla gradualità del filler calcareo usato. La polvere di calcare ha reso possibile la formazione di una matrice cementizia più densa e di una zona di transizione interfacciale negli SCC. L'aumentato tasso del processo d'idratazione e il migliorato compattamento delle parti sono probabilmente le cause dell'aumento di densità.

La cenere volante (fly-ash)

La cenere volante è un materiale fine, vetroso che viene separato dai gas di combustione della polvere di carbone utilizzata nelle centrali termoelettriche (fig. 7).

Le impurità minerali che accompagnano il carbone, a causa dell'alta temperatura raggiunta nella combustione (1500 °C) fondono e vengono trascinate dai fumi sottoforma di goccioline liquide. Queste goccioline, durante il rapido raffreddamento a 200 °C, abbandonando la zona di combustione solidificano sottoforma di particelle sferiche ed in parte si agglomerano.

In media dalla combustione del carbone si ottiene il 15% di cenere della quale una parte, costituita da granuli grossi, precipita sul fondo della camera di combustione, ed una parte (80-85% del totale) viene trascinata dai fumi della combustione dai quali viene separata nel filtro e costituisce appunto la cenere volante.

I primi tentativi di impiegare la cenere volante, che è una pozzolana, per produrre calcestruzzi risalgono agli anni '30. Negli anni '50 iniziarono le prime applicazioni su vasta scala in U.S.A. e negli anni '70 con la crisi energetica, crescendo l'impiego di carbone, è aumentato anche quello della cenere volante nel calcestruzzo.

FIG 7 Cenere volante al microscopio elettronico a scansione.

In Italia, grande produttore di cemento pozzolanico a base di pozzolane naturali, l'impiego della cenere volante ha tardato ad affermarsi; oggi però è divenuta un materiale largamente impiegato sia per produrre cemento pozzolanico, che come materia prima per confezionare calcestruzzi.

Nell'SCC la cenere volante rappresenta un'ottima aggiunta, poiché associa i vantaggi tecnologici a quelli economici, avendo essa un prezzo di mercato accessibile. Essa contribuisce alla formazione di una malta ottimale che mantiene in buona sospensione gli aggregati grossi e li trascina nel suo cammino.

La cenere volante può essere utilizzata per i calcestruzzi destinati al preconfezionamento e non alla prefabbricazione e ciò è derivante dal suo caratteristico colore grigio scuro. Per il settore dei prefabbricati, infatti, si deve garantire un facciavista accattivante dei manufatti, e la cenere in questo caso non risulta adatta poiché lascia in superficie i segni della sua presenza e cioè delle antiestetiche righe grigio scuro.

Inoltre il contenuto di cenere volante procura dei pesanti ritardi allo scassero e ciò non è sostenibile per il prefabbricatore che necessita di una produzione continua e veloce.

Vengono riportati di seguito studi fatti sulle ceneri volanti di lignite. È stata studiata l'adattabilità della cenere volante di lignite (LFA) come componente del calcestruzzo. Paragonata alla cenere volante derivata dal carbone, la LFA contiene più solfati e calce libera. In contrasto con gli studi precedenti, l'LFA non ha sostituito l'agglomerato, ma è stata usata come polvere fine nel calcestruzzo. Questo è un aspetto di grande importanza specialmente per l'SCC. Se il cemento viene sostituito in una percentuale che vari tra il 10% e il 50% da cenere volante di lignite non trattata (U-LFA, con un alto contenuto di calce libera), o da cenere volante di lignite trattata con acqua (T-LFA, la calce libera è cambiata in idrossido di calcio), la richiesta d'acqua si riduce favorendo la deformabilità (grazie alla sfericità delle particelle di LFA) del calcestruzzo fresco e aumentando la densità di compattazione. L'U-LFA puro si assesta molto velocemente: maggiore è la proporzione di U-LFA, più velocemente la pasta si indurisce; con il T-LFA si ha una riduzione più lieve dei tempi di assestamento, però è preferibile all'U-LFA perché non comporta rischi di perdita di consistenza. La pasta con una proporzione di U-LFA fino al 30% mostra una buona stabilità di volume.

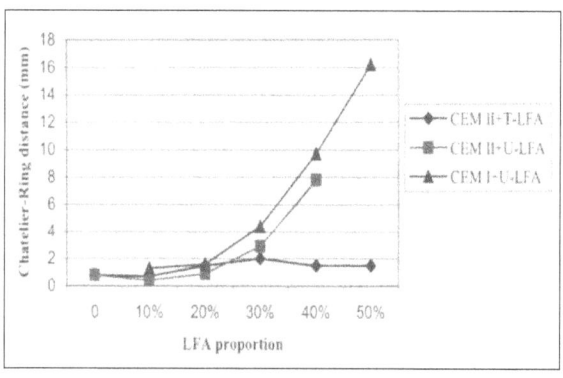

fig. 8: Stabilità di volume della pasta di cemento conLFA.

Anche sostituendo il cemento fino al 50% con T-LFA, il rigonfiamento rimane contenuto (<< 10 mm di normativa). Il rigonfiamento è causato dall'idratazione della calce libera; poiché U-LFA contiene più calce libera del T-LFA, la pasta con U-LFA si rigonfia molto di più di quella con T-LFA (fig. 8).

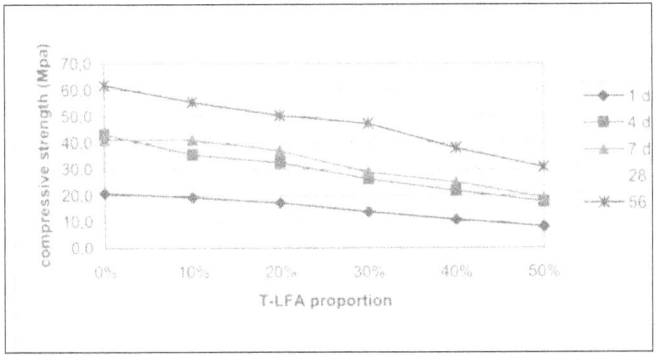

fig. 9: Resistenza a compressione della malta di EM II con T-LFA.

La resistenza a compressione delle malte con T-LFA diminuisce con l'aumentare della proporzione di T-LFA (sia allo stato iniziale che allo stato avanzato). Nelle malte in cui il 20% del cemento viene sostituito con U-LFA si hanno resistenze circa uguali alla malta di puro cemento, questo perché l'aumento di volume non causa danno alla struttura; se l'U-LFA supera il 20%

la struttura della malta può essere danneggiata dall'aumento di volume e ciò porta ad una diminuzione di resistenza (fig. 9).

Il fumo di silice

Il fumo di silice è il sottoprodotto derivante dal processo di riduzione del quarzo purissimo in silicio metallico nei forni ad arco voltaico per la produzione di silicio o ferro-silicio.

I fumi di silice sono prodotti prevalentemente dai paesi nordici, specialmente in Norvegia, ma da alcuni anni sono utilizzati anche in Italia. Tale materiale è caratterizzato da un contenuto di silice molto alto (normalmente più del 90%), da particelle di dimensioni variabili da 0,5 a 5 mm, da una superficie specifica assai elevata e da una struttura non cristallina (fig. 10); per tale motivo possiede una spiccata attività pozzolanica e può essere utilizzato nella prefabbricazione del cemento pozzolanico.

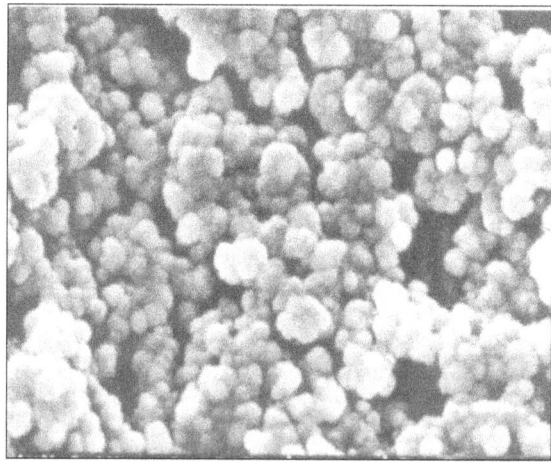

Il fumo di silice è infatti, una pozzolana artificiale, cioè un materiale capace di combinarsi, a temperatura ambiente, con l'idrossido di calcio, per produrre composti insolubili in acqua molto simili a quelli ottenuti per l'idratazione del cemento Portland. Si ricorda che la pozzolana di per se non ha caratteristiche leganti, ma miscelata con calce ed acqua è in grado di produrre malte idrauliche che si differenziano dalle malte aeree a base di calce, sabbia ed acqua, per il fatto di indurire sott'acqua e per la maggiore resistenza meccanica.

L'aggiunta di fumo di silice nel calcestruzzo abbinata all'uso di superfluidificanti, porta a due principali effetti:

- Il primo riguarda il comportamento tipico del filler, causato dalle dimensioni molto piccole delle particelle. Queste completano la distribuzione granulometria della miscela ed omogeneizzano la porosità.
- Il secondo effetto è quello pozzolanico, cioè la capacità di reagire con l'idrossido di calcio presente in grande quantità nel cemento Portland, costituendo un silicato di calcio idrato avente ottime caratteristiche di legante.

La combinazione di tali effetti porta allo sviluppo di resistenze meccaniche (fig. 11) molto elevate (anche più di 100 N/mm^2); inoltre l'abbinamento dell'effetto filler e di quello pozzolanico fa si che la porosità, oltre a ridursi di volume, si riduca anche di dimensione, rendendo la pasta di cemento meno permeabile e garantendo quindi una maggiore durabilità.

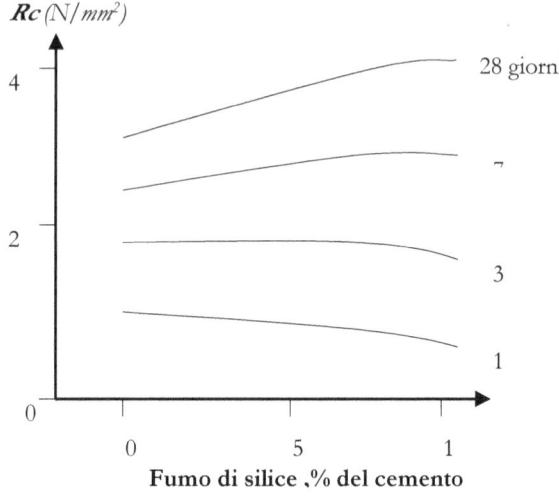

fig. 11: Effetti della sostituzione del cemento con fumo di silice sulla resistenza a compressione.

È difficile al giorno d'oggi non essere a conoscenza delle migliorate prestazioni del calcestruzzo con fumi di silice. Quasi tutti i convegni mondiali (durabilità del calcestruzzo, calcestruzzo ad elevate prestazioni, reazioni alcali-aggregato nel calcestruzzo, calcestruzzo in ambiente marino, ecc.), sottolineano i livelli di prestazione del calcestruzzo con fumi di silice. Nelle riviste del settore del calcestruzzo, il tema dell'impiego dei fumi di silice nel conglomerato cementizio è materia di interessanti dibattiti. Il numero di pubblicazioni è però inversamente proporzionale ai volumi di fumi di silice impiegati nel calcestruzzo. come mai questo materiale attira tanto l'attenzione della comunità scientifica mondiale?

Nella maggior parte dei casi la spiegazione è da ricercarsi nell'uso dei fumi di silice nel calcestruzzo con elevati livelli di prestazione utilizzato nella realizzazione di strutture complesse (ponti, gallerie, piattaforme d'alto mare,ecc.).

È da notare che a differenza di altri additivi o aggiunte mai studiati in modo adeguato, il fumo di silice è stato studiato ampiamente e approfonditamente come ingrediente del calcestruzzo. Ciò ha naturalmente costituito un incentivo all'impiego di questo materiale. L'efficacia dimostrata dei fumi di silice quando impiegati nel calcestruzzo ha spinto molti ingegneri a concludere che i fumi di silice siano un rimedio a tutti i mali, per cui il materiale viene prescritto sia quando necessario che quando non c'è necessità di aggiungere questo ingrediente che risulta, tra l'altro, molto costoso. Alcuni ingegneri ritengono inoltre che il ricorso ai fumi di silice sia in grado di bilanciare eventuali carenze qualitative degli ingredienti del calcestruzzo e delle fasi della sua lavorazione (ad esempio la stagionatura) in strutture con particolari requisiti di durabilità.

I difetti (reali e apparenti) del calcestruzzo con fumi di silice riferiti dai ricercatori possono classificarsi nei seguenti tre gruppi:

- **Effettive limitazioni del calcestruzzo con fumi di silice:**

  - *Essudazione e ritiro igrometrico.* L'introduzione dei fumi di silice riduce o elimina del tutto il fenomeno dell'essudazione. Mentre i calcestruzzi tradizionali possono tollerare perdite di umidità senza fessurarsi, quelli privi di essudazione sono meno indulgenti. È corretto affermare che i calcestruzzi con fumi di silice siano di più difficile lavorazione e tale da richiedere una maggiore professionalità da parte di chi ne cura la posa in opera.

  - *Calore d'idratazione.* L'introduzione dei fumi di silice incrementa l'iniziale crescita della temperatura con possibili conseguenze di termofrattura.

  - *Ritiro autogeno e igrometrico.* Il ritiro del calcestruzzo con fumi di silice è maggiore di quello del calcestruzzo convenzionale. Vi sono però delle conclusioni che dimostrano una riduzione dei fenomeni di ritiro a seguito dell'introduzione di un additivo appositamente studiato.

  - *Resistenza al fuoco.* Il calcestruzzo con fumi di silice è meno resistente al fuoco del calcestruzzo senza fumi di silice.

- *Difetti nel mix-design, nei procedimenti di preparazione e di lavorazione:*

    - *Mix-design*. Tipici errori sono i seguenti: viene fissato da specifica un elevatissimo tenore di fumo di silice, non viene preso in considerazione l'uso di un superfluidificante, vengono prescritti additivi chimici non adatti. Per quanto riguarda la durabilità del calcestruzzo, nella maggior parte dei casi, la combinazione "nuovi" cementi e fumi di silice si deve accompagnare all'impiego di cenere volante in quanto questa aggiunta migliora la distribuzione granulometria del sistema cemento-fumo di silice. Non è comunque da considerare un alto tenore di cenere volante in combinazione con i fumi di silice.

    - *Preparazione del calcestruzzo*. Nella maggior parte dei casi i fumi di silice vengono forniti in sacchi solubili. Per evitare che parte dei fumi di silice condensata non venga adeguatamente dispersa nel corso dell'impasto (in agitatori o miscelatori fissi) è consigliabile impiegare attrezzature studiate appositamente per conseguire un adeguato livello di dispersione. Ciò riveste particolare importanza per i calcestruzzi con requisiti di durabilità poiché nella maggioranza dei casi i fumi di silice vengono prescritti per incrementare l'impermeabilità del conglomerato. Mentre una diminuzione della resistenza meccanica del calcestruzzo in una zona della struttura non causerà necessariamente un abbassamento della capacità di carico della struttura stessa, on è accettabile alcun aumento di permeabilità in nessuna zona della struttura. Per risolvere questo problema, per la miscelazione del cemento con i fumi di silice si ricorre a miscelatori ad alta velocità.

- *Lavorazione.* Nonostante tutti gli studi finora compiuti sul calcestruzzo con fumi di silice, non molto è stato fatto in materia di messa a punto di procedimenti di posa in opera, stagionatura, ecc… del calcestruzzo con fumi di silice. Le procedure attualmente impiegate sono praticamente le stesse del calcestruzzo convenzionale.

-

- ***Limiti evidenti del calcestruzzo con fumi di silice:***

  - *Regresso della resistenza meccanica.* Alcuni ricercatori hanno focalizzato la loro attenzione sul regresso a lungo termine della resistenza meccanica del calcestruzzo con fumi di silice.

  - *Resistenza al gelo-disgelo.* I risultati ottenuti in materia di bassa resistenza al gelo-disgelo del calcestruzzo con fumi di silice (un improvviso crollo dopo un numero limitato di cicli) possono trovare spiegazione nel bassissimo contenuto d'aria nel calcestruzzo in esame. Per resistere all'azione gelo-disgelo, il calcestruzzo con fumi di silice (indipendentemente dal suo livello di resistenza) deve contenere almeno un 5% d'aria. Per il calcestruzzo con fumi di silice, che bilanciano i vuoti creati dalle normali aggiunte di additivi aeranti, il livello di dosaggi di questi ultimi dovrebbe essere aumentato. Un calcestruzzo con fumi di silice con un dosaggio in aerante del 5-7% presente una elevata resistenza all'attacco del gelo-disgelo.

- *Reazioni alcali-aggregato.* È dimostrato che i fumi di silice reagiscono con il $Ca(OH)_2$ e/o $NaOH$ allo stesso modo dell'opale reattivo con gli alcali. Paste di fumi di silice e $Ca(OH)_2$, di fumi di silice e $NaOH$ e di fumi di silice e $Ca(OH)_2$ e $NaOH$ presentano le stesse caratteristiche di espansione delle corrispondenti paste a base di opale e queste specie alcaline. Osservazioni petrografiche e al microscopio elettronico a scansione di un calcestruzzo leggero con evidenti fenomeni di fessurazione evidenziano che una formazione relativamente grande, non uniformemente distribuita ed addensata (grumi) di fumi di silice può aver significativamente contribuito al danneggiamento del conglomerato. Si è constatato che i grumi di fumi di silice (di dimensioni comprese fra 100 e 800 μm) reagiscono allo stesso modo degli alcali con una formazione di gel di silice (reazione alcali-silice) associata ad un fenomeno espansivo con fessurazione del calcestruzzo. Il fumo di silice condensato è considerato un materiale efficace a reprimere l'espansione del calcestruzzo provocata dalla reazione alcali-aggregato, a condizione che venga usato in quantità sufficiente. Alcuni ricercatori si interrogano sulla efficacia a lungo termine dei fumi di silice condensati nei confronti della reazione alcali-silice. La soluzione proposta è il riciclaggio degli alcali in precedenza intrappolati negli idrati a basso rapporto Ca/Si ed in quelli pozzolanici ad alto tenore di alcali.

Il fumo di silice costituisce un materiale importante soprattutto nella produzione del calcestruzzo ad alte prestazioni. È però doveroso ammettere che è una fortissima "medicina" per il calcestruzzo e come tutte le medicine, solo quando viene prescritta da specialisti qualificati per applicazioni particolari e quindi usata con le dovute attenzioni, mostra tutti i suoi attesi effetti positivi. Diversamente, sono inevitabili ricadute negative.

3.4 AGGREGATI

Introduzione

Non ci sono particolari prescrizioni rispetto ai calcestruzzi ordinari. Il diametro massimo è opportuno sia inferiore ai 25 mm, definito in funzione delle caratteristiche geometriche del getto e della natura. Per le sabbie si consiglia un Modulo di Finezza compreso tra 2,5 e 3,0. Aggregati contenenti significative quantità di finissimi (passanti al setaccio 0,125 mm) vanno valutati con particolare attenzione: tale parte di materiale è da considerarsi nel computo del contenuto totale di finissimi.

Gli inerti fini

Il materiale passante per almeno il 95% attraverso il vaglio con maglie di apertura 4 mm è denominato "aggregato fine" o sabbia. Nell'SCC la sabbia ha un ruolo molto importante; essa, grazie alla sua distribuzione granulometria spesso varia, riesce a riempire gli spazi che intercorrono tra le polveri e gli aggregati grossi. È per questa ragione che le sabbie devono essere il più possibile complete sotto il profilo granulometrico, con lo scopo di garantire il riempimento delle fessure tra i vari aggregati nella misura massima possibile.

Nelle zone con giacimenti naturali di sabbia, l'inerte fino da frantumazione non ha trovato largo impiego nel calcestruzzo. con l'esaurimento di queste fonti, l'attenzione si è rivolta all'uso nel calcestruzzo di inerti fini da frantumazione. Il principale ostacolo a questo impiego era ed è la presenza di particelle fini dannose.

Nella maggior parte dei capitolati, in cui viene riconosciuto che la maggior parte dell'inerte fino da frantumazione tende ad avere un fuso granulometrico diverso da quello delle sabbie naturali, si consentono dosaggi più elevati delle frazioni di finissimo presenti nell'inerte frantumato. È importante garantire che questo materiale molto fino non includa componenti argillose o fangose. Le due più frequenti condizioni richieste all'inerte fino del calcestruzzo sono la limitazione della percentuale di inerte fino da frantumazione nel contenuto totale di questo tipo di inerte e la limitazione delle percentuali di componenti più fini di 75 µm.

Sono stati svolti lavori circa la pericolosità dei fini nelle sabbie per calcestruzzo, eseguiti da tecnici della Ready Mix Ltd, i cui risultati sono:

- Esiste una forte correlazione fra il blu di metilene (MBV) delle sabbie e la resistenza a compressione dei calcestruzzi formulati con queste sabbie. All'aumentare dell'MBV, la resistenza meccanica del calcestruzzo diminuisce. La correlazione è valida per sabbie di diversa provenienza.

- La relazione tra contenuto di fini (sotto 75 µm) e valore di blu di metilene (MBV) è scarsa per sabbie di diversa origine al contrario di quella riguardante campioni di sabbia provenienti dallo stesso giacimento.

- La limitazione di particelle al di sotto di 75 µm non da assicurazioni sull'esclusione di una sabbia con un alto contenuto di fini dannosi. D'altra parte, questa condizione porta all'esclusione di alcune sabbie con elevate percentuali di fini non dannosi passanti a 75 µm.

- L'approccio alternativo è l'aumento nei capitolati del contenuto tollerato di fino (sotto 75 µm) purché il valore di MBV della sabbia sia pari o inferiore a 1g di colorante/Kg di sabbia. Questo approccio porterà dei vantaggi ai produttori di calcestruzzo e di inerti ed ai loro clienti, con ricadute favorevoli sull'ambiente (soltanto le sabbie con una quantità eccessiva di fini dannosi richiederanno un doppio lavaggio).

Senza sminuire niente a questa scoperta, sarebbe da aggiungere che:

- Un aumento del contenuto di fini dannosi riduce il tempo di ritenzione dello spandimento (slump) ovvero quando il calcestruzzo viene campionato in situ (e cioè dopo 20-30 minuti dalla sua preparazione), la diminuzione delle resistenze meccaniche del calcestruzzo provocata da un aumento del contenuto di fini dannosi è maggiore se confrontata con quella del calcestruzzo campionato immediatamente dopo la sua preparazione.

- La dannosità dei fini si ripercuote sulle caratteristiche di durabilità in misura maggiore che su quelle di resistenza a compressione. È più pronunciata sia la diminuzione della resistenza al gelo disgelo sia l'aumento del ritiro igrometrico. A differenza della resistenza a compressione, queste proprietà non possono venire corrette da un'aggiunta straordinaria di cemento; le difficoltà, inoltre, associate ad un tempestivo loro monitoraggio ne consigliano la consegna a clienti con minori esigenze.

- I fini dannosi sono fra i più importanti fattori che contribuiscono al ritiro plastico del calcestruzzo.

Gli Inerti grossi

Il materiale trattenuto almeno per il 95% attraverso il vaglio con maglie di apertura 4 mm è denominato "aggregato grosso".

Gli aggregati grossi hanno varia natura e varie forma a seconda della loro estrazione e produzione.

È stato sperimentato che gli aggregati naturali di forma arrotondata sono i più idonei per il confezionamento dell'SCC in quanto la loro presenza è un incentivo allo scorrere della miscela.

Nonostante ciò, anche aggregati grossi con forma spigolosa derivante dalla loro frantumazione, sono proponibili, anche se meno facilmente gestibili, purché essi non presentino una forma allungata.

Inerti da calcestruzzo reciclato e scarti di demolizione

Secondo alcune statistiche europee, circa una tonnellata di scarti di costruzione e di demolizione viene prodotta per abitante per anno e ciò costituisce un importante problema per la comunità. È forte quindi la pressione esercitata dagli enti governativi a riutilizzare questi materiali di rifiuto. Per molti anni, si è ricorso con successo a questi prodotti di riciclaggio per la realizzazione di massicciate stradali ma in questi ultimi anni sono aumentate le pressioni per utilizzare questi materiali da demolizione anche come inerti per calcestruzzo. Però questa iniziativa viene giudicata da condannare per la sua pericolosità in quanto questi scarti di demolizione contengono componenti nocivi, distribuiti irregolarmente e difficili da localizzare e da rimuovere. Si può accettare l'idea di impiegare nel calcestruzzo una certa aliquota di materiale di riciclaggio a condizione però che essa sia pulita.

Inerte di scoria d'acciaio

Fino all'inizio del secolo, nel calcestruzzo si è fatto uso di inerti a base di loppa d'altoforno raffreddata all'aria. Un inerte di scoria d'acciaio viene ora usato nell'asfaltatura e nella massicciata stradale.

Studi fatti sull'impiego di tale inerte nel calcestruzzo hanno confrontato un calcestruzzo con inerte di scoria d'acciaio con uno con inerte di calcare. Sulla base dei risultati ottenuti, gli autori giungono alla conclusione che l'inerte di scoria di acciaio può essere utilizzato nel calcestruzzo di cemento Portland.

A differenza dell'impiego della loppa d'altoforno raffreddata all' aria, quello della scoria è sempre problematico. Sarebbe allettante usare scoria d'acciaio come inerte del calcestruzzo in quanto ne sarebbe favorito ed incrementato lo smaltimento. Però l'utilizzo di scoria d'acciaio come inerte nel calcestruzzo di cemento Portland viene comunque sconsigliato a causa di:

- Possibili problemi di durabilità provocati dall'espansione con la calce;
- Problemi di estetica associati alla ruggine sulle superfici.

La sostituzione nell'asfalto dell'inerte naturale con la scoria d'acciaio, consentirà di risparmiare sull'inerte naturale del calcestruzzo e quindi di prolungare la durata dei suoi depositi.

3.5 ADDITIVI

Due sono i principi apportati tramite additivi al calcestruzzo per ottenere un SCC:

4. *modificatori di lavorabilità e riduttori di acqua:* superfluidificanti che hanno la funzione di rendere più fluido il calcestruzzo e ridurre notevolmente l'acqua d'impasto (riduzione di almeno il 25% dell'acqua d'impasto).

   - Il tipo di superfluidificante è essenziale nella preparazione dell'SCC.
   - I superfluidificanti a base policarbossilato etere hanno dimostrato una efficacia ben maggiore rispetto ad altri tipi si superfluidificanti grazie alla forte capacità di riduzione d'acqua.

5. *modificatori di viscosità:* hanno la funzione di diminuire la segregazione dell'impasto; deve essere verificata e garantita la compatibilità con gli impasti cementizi nei riguardi della resistenza e della durabilità.

   - I modificatori di viscosità sono essenziali per il confezionamento dell'SCC perché essi danno il corretto profilo reologico al calcestruzzo.
   - I modificatori di viscosità aumentano la viscosità dell'acqua presente nel calcestruzzo rendendo viscosa la pasta di cemento migliorando la resistenza alla segregazione del calcestruzzo.

Introduzione

Gli additivi per il calcestruzzo costituiscono, dopo il cemento, l'acqua e gli aggregati, il quarto ingrediente che, nella moderna tecnologia del conglomerato cementizio, entra ormai di regola nella composizione del materiale.

Gli additivi per calcestruzzo sono sostanze chimiche che vengono normalmente aggiunte all'acqua di impasto con lo scopo di modificarne e migliorarne le proprietà e per ottenere uno o più dei seguenti obbiettivi:

- Migliorare le prestazioni di un calcestruzzo allo stato fresco e/o indurito, senza modificarne la composizione.
- Ottenere dal calcestruzzo prestazioni che altrimenti non verrebbero raggiunte.
- Ottenere un vantaggio economico nell'impiegare calcestruzzi con prestazioni prefissate.

Gli additivi disponibili sul mercato sono numerosi e sono costituiti in genere da formulazioni, contenendo oltre ad uno o più principi attivi essenziali, anche componenti accessori come ad esempio agenti antischiuma ed i biocidi.

Il primo uso di additivi per calcestruzzo, avvenuto in Germania nella seconda metà dell'Ottocento, aveva come unico scopo il ritardare o l'accelerarne i fenomeni di presa.

Studi di additivi riduttori d'acqua, capaci cioè di ridurre il rapporto acqua/cemento a pari lavorabilità, oppure di aumentare la lavorabilità a parità di tale rapporto ed aeranti, capaci di resistere meglio ai cicli di gelo e disgelo, iniziarono solo negli anni '30.

Ma la diffusione a larga scala degli additivi riduttori d'acqua si avvertì solo negli anni '60 dopo il brevetto della Kao, in Giappone, del polimero beta-naftalen solfonato condensato ed in Germania dei polimeri a base melamminica, per espandersi poi a livello internazionale negli anni '70, specialmente in Canada, Stati Uniti, Gran Bretagna e Italia.

I più importanti tipi di additivo presenti oggi sul mercato sono i seguenti:

- Fluidificanti normali, acceleranti o ritardanti;
- Superfluidificanti normali, acceleranti o ritardanti;
- Aeranti.

I diversi tipi di additivo vengono distinti in base alla funzione da essi esplicata, tenendo presente che in un prodotto si può avere una combinazione di più funzioni.

Oltre ai tipi sopra citati, possiamo ricordare inoltre:

- I cosiddetti antigelo;
- Gli idrorepellenti;
- I coadiuvanti di pompaggio;
- Gli inibitori di corrosione.

L'uso degli additivi trova una sua giustificazione nel fatto che il miglioramento di una determinata proprietà ottenuto con il loro impiego è, dal punto di vista tecnico-economico, una soluzione più vantaggiosa.

In molti paesi esistono normative per gli additivi, che ne definiscono i tipi, a volte pongono dei limiti per le prestazioni, descrivono metodi per il controllo dei requisiti in fase di accettazione dei prodotti e per il controllo dell'uniformità di forniture successive.

In Italia è vigente la normativa UNI EN 934-2 del luglio 1999 che definisce i seguenti tipi di additivi:

- Fluidificanti/riduttori d'acqua;
- Superfluidificanti/riduttori d'acqua ad alta efficienza;
- Ritenitori d'acqua;
- Aeranti;
- Acceleranti di presa;
- Acceleranti di indurimento;
- Ritardanti di presa;
- Impermeabilizzanti.

Per i vari tipi le tabelle UNI indicano la funzione dell'additivo, le modalità esecutive di prove in pasta, in malta ed in calcestruzzo e in alcuni casi i limiti prestazionali, ed infine le prove da eseguire sul prodotto così com'è.

Le prove previste sono numerose e certamente è inutile prevederne l'intera serie nel formulare le specifiche di un prodotto; normalmente sarà opportuno eseguire solo le prove in calcestruzzo per il controllo delle prestazioni ed alcune delle prove sul prodotto tale e quale per il controllo dell'uniformità.

Gli additivi vengono aggiunti agli impasti nella centrale di betonaggio o, in determinati casi, a piè d'opera subito prima del getto; per tutti gli additivi è estremamente importante assicurarsi, mediante l'impiego di betoniere efficienti e di lunghi tempi di miscelazione, che il prodotto sia distribuito in modo perfettamente omogeneo negli impasti e non concentrato localmente; in caso contrario si avrebbe in alcuni punti delle opere dei sovradosaggi, in altri carenza di additivo, cause che possono portare come è facile intuire ad una miscela mal funzionante e quindi inutile dal punto di vista applicativo .

Il dosaggio degli additivi, espresso rispetto alla massa del cemento, può variare da un minimo di 0,01% fino ad arrivare anche al 10% nel caso di aggiunte minerali o espansivi che quindi possono essere considerati componenti veri e propri ("aggiunte" e non "additivi" appunto) degli impasti.

Gli additivi comunque, pur avendo un costo unitario relativamente alto rispetto agli altri costituenti del calcestruzzo, incidono modestamente su 1 m^3 di questo, considerando la spesa che si dovrebbe sostenere per ottenere lo stesso beneficio per altre vie.

Additivi riduttori d'acqua: i fluidificanti, i superfluidificanti e gli iperfluidificanti

Gli additivi impiegati in maggiore quantità sono certamente i diversi tipi di riduttori d'acqua.

Si definisce "riduttore d'acqua" un additivo che modifica in modo significativo la reologia del calcestruzzo allo stato fresco, in modo da renderlo lavorabile e facilitare le operazioni di posa in opera e finitura.

Normalmente questi additivi contengono, come principi attivi, sostanze polimeriche idrosolubili contenenti gruppi funzionali carichi, in genere negativamente, che hanno proprietà disperdenti, capaci cioè di adsorbirsi sulla superficie dei granuli di cemento, pre-idratato dall'acqua d'impasto, e di caricare negativamente di conseguenza la superficie dei granuli stessi.

Le forze che agiscono in questo caso sono di tipo repulsivo.

Le particelle di cemento (che normalmente a causa di forze attrattive, tendono ad agglomerare ingrossandosi e quindi flocculando) vengono disperse e separate nell'acqua d'impasto con il meccanismo di repulsione elettrostatica (fig. 12).

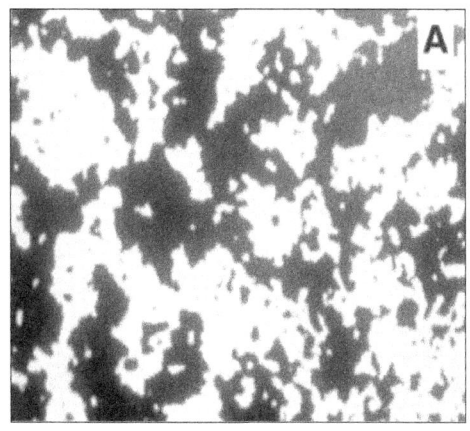

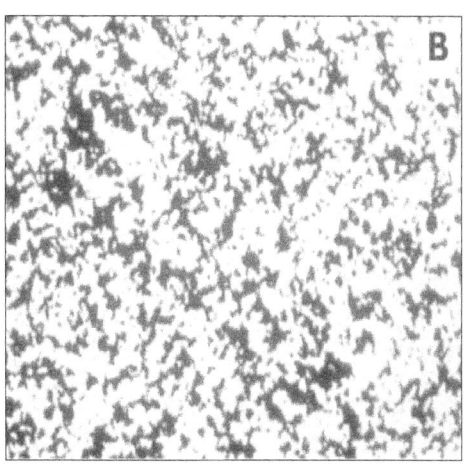

fig. 12: Osservazione al microscopio di una pasta flocculata (A) e dispersa (B) per la presenza di additivo superfluidificante.

La dispersione dei granuli di cemento fa in modo che la pasta di cemento "lubrifichi" le particelle di inerte, sabbie ed aggregati, nella miscela del calcestruzzo cemento rendendo l'impasto, a parità di composizione, più "lavorabile" dopo l'aggiunta di un polimero ad azione disperdente (fig. 13, 14).

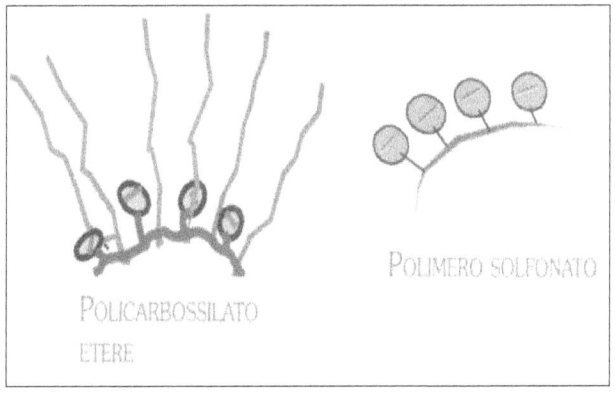

fig. 13: Schematizzazione di molecole di Policarbossilato etere e tradizionali Polimeri solfonati.

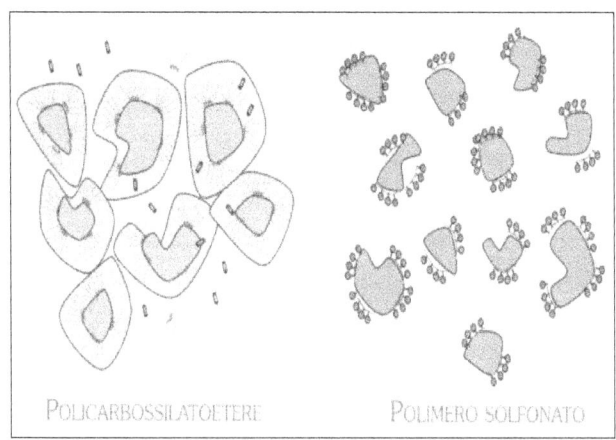

FIG 14: Effetto disperdente delle molecole di policarbossilato etere e di polimeri solfonati.

Le forze attrattive di Van Der Waals cominceranno ad agire solo quando le forze del tipo repulsivo saranno meno intense a causa delle successive reazioni di idratazione del cemento e alla formazione sulla superficie del granulo di cemento dei prodotti che, depositandosi, diminuiscono l'intensità della carica negativa. Si avrà quindi un'agglomerazione delle singole particelle e di conseguenza "flocculazione" e sedimentazione delle stesse.

In alternativa all'uso degli additivi riduttori d'acqua, la lavorabilità dell'impasto potrebbe essere migliorata mediante la modifica di uno o più dei seguenti parametri:

- Il contenuto d'acqua;
- Il rapporto acqua/cemento;
- L'angolarità;
- La distribuzione granulometrica dell'inerte.

Se da un lato la sostituzione di un inerte può essere costosa oltre che insufficiente allo scopo, dall'altro l'aumento del rapporto acqua/cemento provoca un peggioramento di tutte le proprietà del calcestruzzo indurito, oltre ad aggravare il fenomeno della segregazione e del bleeding.

L'aumento del rapporto cemento/aggregato oltre certi valori aumenta i costi del materiale ed inoltre può avere conseguenze negative sul calore di idratazione, sul ritiro e sullo scorrimento viscoso.

Per tutto ciò è preferibile l'aggiunta di un additivo riduttore d'acqua.

In base alla capacità disperdente del polimero, si possono avere diversi gradi di riduzione d'acqua: una blanda riduzione è ottenibile con gli additivi fluidificanti.

L'interesse per una migliore lavorabilità dell'impasto ha portato ala rapido sviluppo di riduttori d'acqua ad alta efficacia, gli additivi superfluidificanti e gli iperfluidificanti che, pur appartenenti a categorie merceologiche diverse, si distinguono soprattutto da un punto di vista quantitativo del beneficio prestazionale.

Per distinguere le tre categorie si può dire che, a parità di lavorabilità:

- L'additivo fluidificante consente una riduzione di circa il 5-7% nel rapporto acqua/cemento;
- Il superfluidificante una riduzione di almeno il 20%;
- L'iperfluidificante arriva ad una riduzione del 20-35%;
- Con i superfluidificanti della nova generazione, a base di policarbossilati eteri, è possibile arrivare ad una riduzione d'acqua di oltre il 35%.

I riduttori d'acqua possono a loro volta avere proprietà addizionali, ad esempio ritardanti o acceleranti.

Un semplice riduttore d'acqua, quando impiegato a pari rapporto a/c, fa aumentare la lavorabilità dell'impasto ma non modifica significativamente né i tempi di presa, né le resistenze meccaniche.

Se impiegato a pari lavorabilità dell'impasto, la riduzione del rapporto a/c permette di aumentare la resistenza meccanica alle brevi ed alle lunghe stagionature.

Un additivo riduttore d'acqua con proprietà acceleranti o ritardanti si distingue da quello normale per l'aumento o la diminuzione della resistenza meccanica alle brevi stagionature, quando i calcestruzzi sono tutti confezionati con lo stesso rapporto a/c.

Gli additivi a blanda riduzione d'acqua, i fluidificanti, sono formulati principalmente con il ligninsolfonato.

Il ligninsolfonato è un sottoprodotto dell'industria cartaria, che oltre a presentare le problematiche di variabilità prestazionale, tipiche di una sostanza naturale, può dare come effetto collaterale un eccessivo inglobamento d'aria e può contenere degli zuccheri che, pur essendo parzialmente eliminati in alcuni casi attraverso un processo di de-zuccherizzazione, possono apportare un non desiderato effetto ritardante in aggiunta alla miscela di calcestruzzo.

Proprio perché formulati con questa materia prima naturale, i fluidificanti possono avere, in alcuni casi, come effetto secondario un'azione ritardante di presa delle paste di cemento e del calcestruzzo.

Per questo motivo, generalmente la percentuale di aggiunta di un fluidificante è dell'ordine di 0,2-0,3% rispetto al peso del cemento, con una riduzione fino al 5% di a/c.

Superata una soglia critica di dosaggio, un aumento di questo potrebbe comportare una riduzione del rapporto a/c ma anche un effetto ritardante così elevato che, anche dopo molti giorni, il calcestruzzo non sarebbe ancora indurito.

Gli additivi superfluidificanti e iperfluidificanti, oggigiorno i più in uso, sono costituiti da polimeri di sintesi di caratteristiche costanti e controllate. I polimeri base dei riduttori d'acqua ad alta efficacia sono il beta-naftalensolfonato condensato con la formaldeide e la melammina solfonata, condensata con la formaldeide (fig. 15).

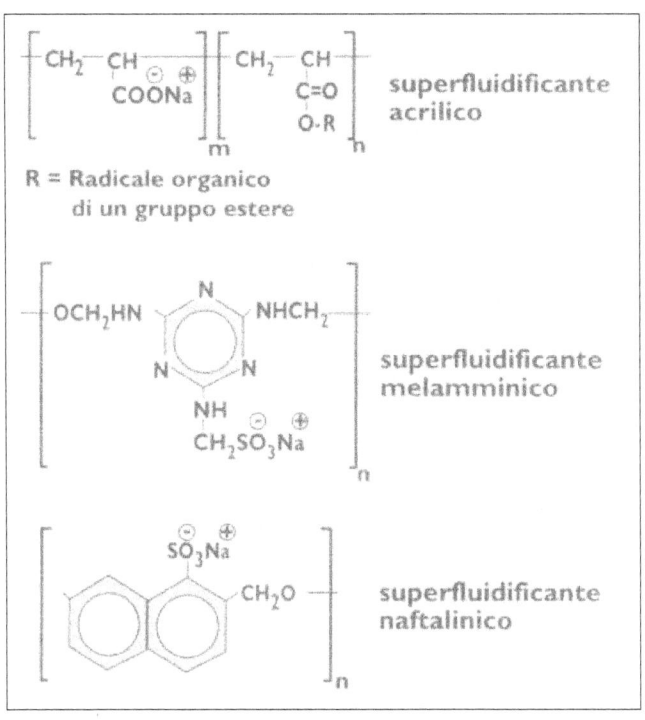

FIG 15: Composizione chimica dei più importanti superfluidificanti.

Questi tipi di additivi si possono utilizzare con dosaggi compresi fra l'1-2% riducendo proporzionalmente l'acqua d'impasto o incrementando la fluidità senza sostanziali effetti ritardanti nell'idratazione del cemento.

A parte il vantaggio che deriva dal miglioramento della qualità del materiale attraverso la riduzione ancora più spinta del rapporto acqua/cemento, la convenienza dell'introduzione di questi prodotti si manifesta anche sul versante economico in quanto i calcestruzzi molto fluidi, come gli SCC, richiedono meno energia di pompaggio e tempi più brevi per la compattazione.

Da questo punto di vista i miglioramenti più apprezzabili si hanno con strutture dalla forma complicata e densamente armate.

Sempre in termini economici la convenienza si manifesta anche per la diminuzione del contenuto di legante: l'abbassamento del rapporto acqua/cemento consente una riduzione del dosaggio fino al 25% per un determinata resistenza, nonché l'impiego di un cemento comune per ottenere comunque prestazioni eccezionali dal calcestruzzo.

Applicazioni interessanti di tali prodotti si hanno inoltre nel campo della prefabbricazione.

L'effetto benefico in questo tipo di applicazione è duplice:

- da un lato il basso rapporto acqua/cemento consente la confezione di calcestruzzi molto resistenti,

- dall'altro la possibilità di ridurre i tempi di prestagionatura permette di abbreviare il ciclo produttivo.

Per completezza devono essere ricordati ulteriori effetti positivi che possono essere ottenuti dalla riduzione del rapporto a/c:

- la riduzione del rapporto a/c consente di ridurre la permeabilità del materiale grazie alla riduzione dei pori che si ottiene come effetto di una maggiore compattezza;
- la riduzione del rapporto a/c consente di ottenere una struttura più durabile poiché meno permeabile e quindi più resistente alla penetrazione degli agenti aggressivi;
- migliora l'aderenza tra calcestruzzo e acciaio nelle strutture in cemento armato;
- la compattezza è indice di un intreccio più serrato tra le fibre e garantisce perciò deformazioni elastiche minori sotto carico e minori deformazioni per scorrimento viscoso;
- anche le deformazioni dovute al ritiro del materiale per evaporazione dell'acqua libera risultano ridotte per la maggiore compattezza che si ottiene con bassi rapporti a/c;
- migliora la superficie del facciavista per la superiore omogeneità dell'impasto.

Questi fra i motivi che rendono questa categoria di additivi la più interessante e diffusa per la tecnologia del calcestruzzo.

ADDITIVI ACCELERANTI E ANTIGELO

Gli additivi acceleranti accrescono la velocità di indurimento della pasta di cemento e dei conglomerati cementizi soprattutto alle brevi stagionature.

Tali additivi possono essere suddivisi in acceleranti di presa e acceleranti di indurimento, a seconda che il loro effetto si esplichi principalmente nelle prime ore o si protragga per i primi giorni dell'idratazione.

L'additivo accelerante più impiegato in passato (in genere tra 1 e 2% in peso sul cemento) è stato il cloruro di calcio ($CaCl_2$), usato per la prima volta nel 1885.

A causa però del rischio di corrosione delle armature causato dal cloruro di calcio, negli ultimi tempi sono stati introdotti sul mercato additivi acceleranti dichiarati privi di cloruri, che però difficilmente riescono ad eguagliare le prestazioni del calcio cloruro e soprattutto il suo basso costo.

Tra i più diffusi possono essere elencati la trietanolammina, il formiato di calcio, i nitrati, i tiosolfati, la cui azione accelerante può esplicarsi sull'idratazione del C_3A sia favorendo la formazione di idrati esagonali sia promuovendo la conversione all'idrato cubico come nel caso della trietanolammina oppure l'azione accelerante può esplicarsi sull'idratazione dei silicati e in particolare del C_3S come nel caso dei formiati. Le resistenze meccaniche di calcestruzzi additivati con acceleranti risultano quindi più elevate rispetto a quelle del calcestruzzo non additivato, in misura più sensibile alle brevi stagionature e a temperature più basse. Questo spiega il fatto che gli acceleranti vengano usati quasi esclusivamente per eseguire getti in clima freddo e per avere la possibilità di disarmare i manufatti in tempi brevi, specialmente per prefabbricazione. L'effetto degli acceleranti a bassa temperatura è più sensibile, poiché la maggior velocità di idratazione provoca un maggior innalzamento di temperatura nei getti che a sua volta si riflette sulla velocità di idratazione. Assieme agli acceleranti vanno nominati gli additivi antigelo che, simili ai primi come natura chimica (cloruro di calcio, nitrato di sodio, nitrito di sodio), sono utilizzati a dosaggi piuttosto elevati (2-8%) per abbassare il punto di gelo dell'acqua al di sotto di 0°C in modo da consentire di gettare anche con climi molto rigidi. Temperature particolarmente basse potrebbero infatti comportare un forte rallentamento dell'idratazione del cemento e un grave danneggiamento della struttura del calcestruzzo causato da un aumento di volume (9%) dovuto alla solidificazione dell'acqua. La funzione dell'antigelo è quindi quella di favorire l'abbassamento crioscopico, ovvero la diminuzione della temperatura di transizione di fase dell'acqua e di accelerare l'idratazione del cemento in modo da sviluppare velocemente una struttura in grado di poter resistere alle tensioni derivanti dalla formazione del ghiaccio.

3.6 ADDITIVI RITARDANTI

Gli additivi ritardanti, definiti generalmente come additivi che riducono la velocità di idratazione, presa ed indurimento degli impasti cementizi, presentano anche un certo effetto disperdente e di riduzione dell'acqua.

Le sostanze che presentano un effetto ritardante sono numerose: tra le più note si possono citare quelle zuccherine (glucosio, saccarosio), la glicerina, i ligninsolfonato, fosfati, borace.

La duplice azione del ritardo deriva dal fatto che sia il fenomeno della dispersione che quello del ritardo sono basati sull'adsorbimento di prodotti organici sulla superficie del cemento.

Principale differenza tra i ritardanti e i disperdenti è che i primi formano delle specie chimiche denominate "complessi" e caratterizzate da legami più stabili con gli ioni della superficie del cemento che permettono di bloccare per tempi più lunghi l'idratazione del cemento stesso.

L'azione complessate può essere esercitata dai gruppi ossidrilici e da quelli carbossilici degli acidi idrossicarbossilici (gluconato, ligninsolfonato, ecc.) oppure da gruppi fosforici ($PO_3^=$) di prodotti organici capaci di formare complessi così stabili con gli ioni della superficie del cemento da bloccare completamente l'idratazione anche per alcuni giorni.

Il controllo dell'entità del ritardo può avvenire attraverso il dosaggio di additivo, ma è sempre buona norma procedere a delle prove preliminari per verificare l'azione dell'additivo sul particolare cemento da impiegare e nelle condizioni sperimentali che siano le più vicine a quelle di lavoro.

Poiché la presenza di additivi ritardanti può aumentare il ritiro plastico nel calcestruzzo (l'impasto si trova esposto per un periodo più lungo all'eventuale azione dell'essiccamento) bisogna che la bagnatura dei getti o la protezione con pellicole antievaporazione o teli avvenga per un periodo di tempo prolungato rispetto ad un calcestruzzo non additivato.

Gli additivi ritardanti trovano impiego allo scopo di aumentare il tempo durante il quale il conglomerato presenta una buona lavorabilità per i getti a temperatura elevata e quando la centrale di betonaggio è distante dal cantiere, allo scopo di rallentare lo sviluppo del calore di idratazione e di aumentare i gradienti termici in getti massivi, per il calcestruzzo pompato, e per le iniezioni di pasta di cemento.

I ritardanti sono anche usati per evitare, in caso di brevi interruzioni dei getti, la perdita di monoliticità e la formazione di "giunti freddi"; l'impiego per l'ultimo strato di un getto di un calcestruzzo a lungo tempo di presa consente, qualche ora più tardi, di gettare "fresco su fresco"; l'impiego di vibratori permette poi di compenetrare perfettamente le porzioni di conglomerato gettate a distanza di tempo.

I ritardanti infine vengono usati anche per il cosiddetto "calcestruzzo lavato"; se sulla superficie di un getto si applicano direttamente "a spruzzo" dosi elevate di prodotto, la pasta superficiale non indurisce ed un successivo lavaggio energico consente di asportarla, scoprendo l'inerte grosso. Questo effetto è utilizzato per il calcestruzzo a facciavista ed anche per irruvidire la superficie in vista di riprese di getto a lungo termine.

3.7 ADDITIVI SUPEFLUIDIFICANTI A RILASCIO PROGRESSIVO

La peculiare chimica di nuova generazione distingue i superfluidificanti a rilascio progressivo dai tradizionali superfluidificanti ad elevato mantenimento della lavorabilità (ritardanti), per efficacia e meccanismo d'azione.

Infatti, i tradizionali superfluidificanti a base di polimeri solfonati idrosolubili, provocano la dispersione dei granuli di cemento grazie al classico meccanismo di assorbimento e repulsione elettrostatica.

Tale meccanismo permette di ottenere una buona dispersione della pasta di cemento con conseguente riduzione della richiesta d'acqua a pari lavorabilità; nel tempo tuttavia, i prodotti di idratazione del cemento ricoprendo la superficie del granulo annullano la carica negativa e determinano l'inevitabile perdita della lavorabilità.

Con i nuovi superfluidificanti a rilascio progressivo a base di policarbossilato etere modificato i granuli di cemento vengono invece dispersi, oltre che per effetto elettrostatico, anche per "effetto sterico" dovuto all'ingombro volumetrico delle catene laterali idrofile presenti sulla catena polimerica di base (fig. 16).

Ne deriva una capacità di separazione e dispersione molto più elevata, rispetto ai tradizionali superfluidificanti e quindi una evidente capacità di ridurre ulteriormente il contenuto d'acqua. L'ambiente basico che si crea nell'impasto cementizio consente poi al policarbossilato etere modificato di "aprirsi progressivamente" e di rilasciare altre catene polimeriche che inibiscono nel tempo la flocculazione.

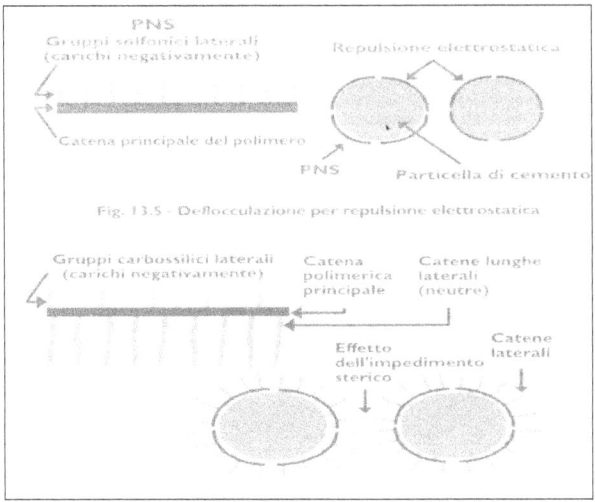

fig. 16: Deflocculazione per impedimento sterico.

Tale meccanismo consente di ottenere una costante ed elevata repulsione elettrostatica e quindi:

- Di mantenere nel tempo la lavorabilità;

- E rispetto i tradizionali superfluidificanti a base di polimeri solfonati, di ridurre ulteriormente il contenuto d'acqua

Additivi aeranti

Gli additivi aeranti, tensioattivi in grado di sviluppare un sistema di microbolle d'aria all'interno della matrice cementizia, vengono generalmente aggiunti al calcestruzzo per migliorare la resistenza ai cicli gelo-disgelo attenuando le tensioni meccaniche causate dalla variazione di volume dei passaggi di stato dell'acqua per effetto delle alternanze termiche intorno a 0°C.

Gli aeranti infatti, specie chimiche dotate di una testa polare (idrofila) e una "coda" apolare (idrofoba) si orientano con la testa nella soluzione acquosa e con la coda verso l'aria creando un film sulla superficie delle bolle che risultano così stabilizzate diminuendo la loro tendenza alla coalescenza.

Le cavità che possono essere individuate all'interno della matrice cementizia sono di tre tipi: pori del gel, pori capillari e vuoti.

I pori del gel, cavità di dimensioni comprese tra qualche decimo e qualche decina di nm sono normalmente riempiti d'acqua ma, a causa delle forze di attrazione esercitate dalla superficie dei pori, il punto di gelo dell'acqua risulta molto inferiore a 0°C non comportando quindi alcun problema di degrado del calcestruzzo.

I pori capillari, cavità di dimensioni variabili tra qualche centesimo di μm a qualche μm, sono generalmente riempiti con acqua che congela a temperature comprese tra -1 e -12 °C e che quindi comporta problemi di alternanze termiche intorno a 0°C.

I vuoti, macrocavità generate da un imperfetto costipamento del calcestruzzo fresco, hanno un grado di saturazione (% di acqua rispetto al volume di vuoti) piuttosto bassa che non comporta tensioni rischiose per la matrice del cemento.

I parametri essenziali che governano la resistenza al gelo del calcestruzzo sono la dimensione, la distanza reciproca (spacing) ed il numero delle microbolle.

Soluzioni alternative, quali il riscaldamento delle strutture sottoposte all'azione del gelo, non sono economicamente proponibili. Così, la presenza di microbolle d'aria, in prossimità dei pori capillari pieni d'acqua, dove si sta formando del ghiaccio, consente di scaricare la pressione idraulica grazie al trasporto dell'acqua dai pori capillari verso le microbolle. Quando si verifica il disgelo, a causa dell'aumento di temperatura, l'acqua libera, per suzione capillare si porta dalle microbolle (diametro 100-500 µm) ai pori capillari notevolmente più piccoli. Ciò impedisce che la protezione delle microbolle d'aria nei confronti dell'azione degradante del gelo, si esaurisca con un progressivo riempimento d'acqua delle microbolle.

Ogni microbolle ha una sua sfera d'azione (200-300 µm di diametro) nella quale impedisce che la pressione idraulica, sviluppatasi per la formazione di ghiaccio, raggiunga un valore così elevato da provocare la rottura del materiale. Le microbolle, per proteggere tutto il calcestruzzo dall'azione deteriorante del gelo, devono essere uniformemente distribuite e le sfere d'azione appartenenti alle singole microbolle devono essere sovrapposte.

Se esiste qualche zona nel calcestruzzo che è troppo distante dalle microbolle, la pressione idraulica, generata dall'eventuale formazione di ghiaccio, può arrivare a valori troppo elevati prima che l'acqua sotto pressione raggiunga una microbolle. Inoltre, perché l'azione dell'aria inglobata sia efficace occorre che il numero delle microbolle sia talmente elevato da coprire, con le loro sfere d'azione, tutto il volume della pasta cementizia. Calcolando che il diametro delle microbolle è di qualche centinaio di μm più o meno di come deve essere il loro spacing, risulta che il numero delle microbolle d'aria per m^3 di calcestruzzo resistente al gelo deve essere di qualche miliardo, ovvero circa un 5% in volume d'aria sul calcestruzzo. l'esatto valore del volume d'aria inglobata necessario al confezionamento di un calcestruzzo resistente al gelo dipende dal dosaggio di cemento, nel senso che calcestruzzi più magri richiedono in genere un maggiore volume d'aria. Anche il tipo di cemento può influenzare l'inglobamento d'aria a parità di dosaggio di additivo: cementi più fini portano infatti ad un minor volume di aria inglobata. La percentuale di additivo aerante aggiunto deve essere valutata sperimentalmente in modo che il calcestruzzo messo in opera contenga effettivamente il valore di aria richiesta visto che il tempo di mescolamento, di trasporto e di vibrazione influenzano il volume d'aria effettivamente inglobata.

Questi parametri devono essere fissati in base al tipo di betoniera, distanza del cantiere dall'impianto, lavorabilità del calcestruzzo, densità dei ferri d'armatura, e così via.

Nonostante la quantità di aerante aggiunto possa variare in relazione al tipo di prodotto o alla sua concentrazione acquosa, in generale il dosaggio di additivo è molto basso e difficilmente supera il valore di 0,05% rispetto il peso di cemento.

Additivi modificatori di viscosità (VMA)

Gli additivi modificatori di viscosità dal punto di vista chimico sono polimeri di natura organica o inorganica, solubili in acqua. Tra i vari tipi di modificatori di viscosità come gomme guar, welan (fig. 17), xanthan, eteri di cellulosa, amidi, arginati, ecc. ognuno caratterizzato da un suo specifico comportamento reologico, è di assoluta importanza scegliere quello più indicato.

Attraverso una scelta oculata di questo additivo potremmo avere migliori garanzie in termini di resistenza a bleeding e segregazione e, soprattutto, riusciremo ad amministrare al meglio la sola energia che abbiamo, ovvero quella potenziale derivante dalla forza gravitazionale, convertendola in energia cinetica. I modificatori di viscosità più efficienti sono basati su miscele di due specie chimiche diverse.

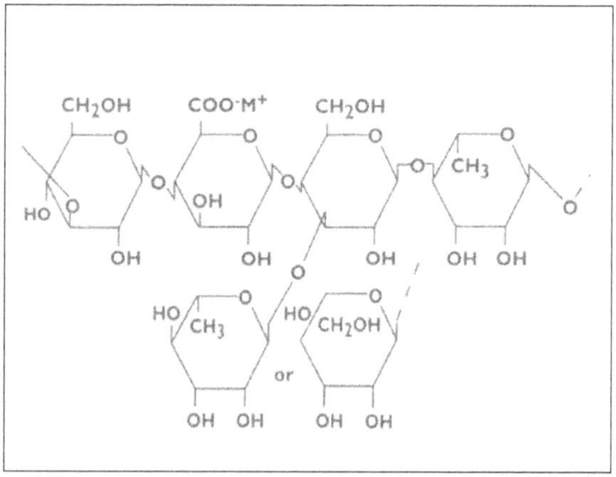

fig. 17: Composizione chimica del biopolimeri Welan.

L'ipotesi di meccanismo d'azione per tali VMA è basata sul fatto che il primo tipo di specie chimica fornisce dei reticoli molecolari che vengono poi ulteriormente infittiti dalla formazione di ponti molecolari da parte della seconda specie chimica come illustrato in figura 18.

Tale meccanismo garantisce un'estrema omogeneità, una minima dissipazione di energia e l'ottenimento di appropriati valori dei parametri t_0 e η_{pl}. L'ottimale sfruttamento di energia risulta quindi la chiave per ottenere lunghezze, velocità e capacità di riempimento superiori. Tali caratteristiche possono essere quantificate confrontando lunghezze e velocità di scorrimento attraverso un L-box modificato (fig. 19),di un calcestruzzo autocompattante basato solo sui fini e di uno contenente un'opportuna combinazione di superfluidificante e modificatore di viscosità.

I due calcestruzzi risultano uguali in termini di Slump-flow (65 cm) e V-funnel (12 s). conducendo invece una valutazione di lunghezze e velocità di scorrimento all'interno della L-box riempita prima a 20, poi a 40 e quindi a 60 cm, ovvero in condizioni diverse di altezze e quindi di energia potenziale del calcestruzzo, si notano sostanziali differenze del comportamento reologico del calcestruzzo come riportato in tabella 3.

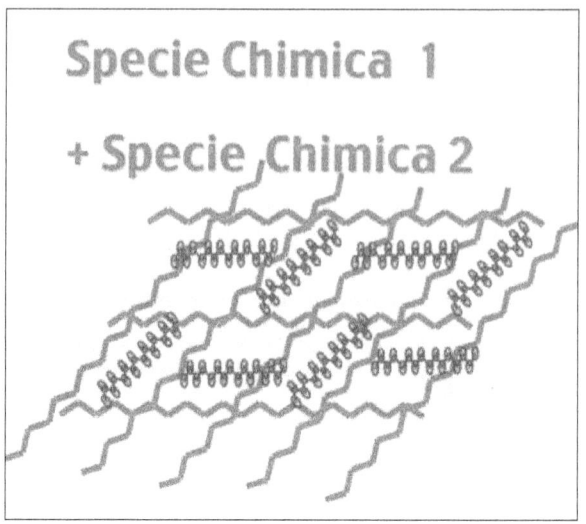
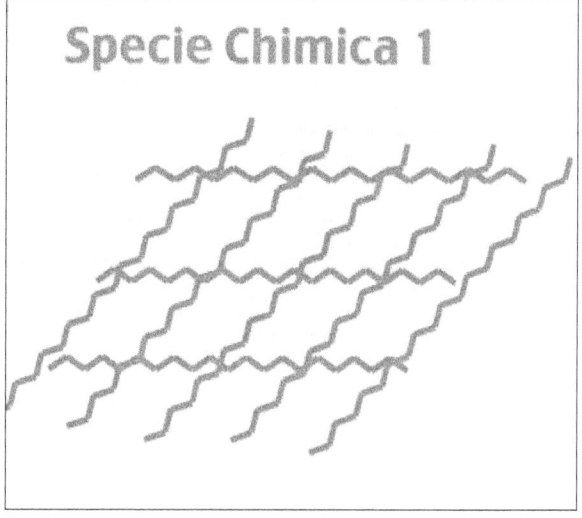

fig. 18: Meccanismo d'azione.

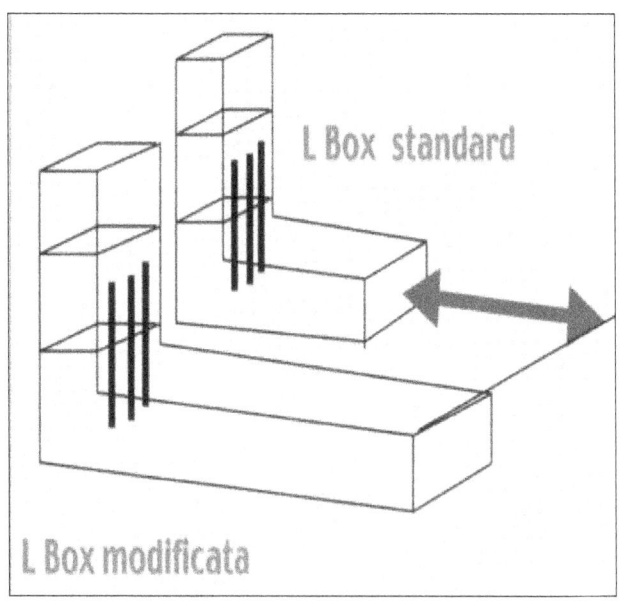

fig. 19: L-box modificata.

L-BOX	SCC basato solo sui fini	SCC basato sui fini e su opportuna combinazione superfluidificante+VMA
h=20 cm		
L max	55 cm	79 cm
t_{55cm} (s); V_{1-55cm} (cm/s)	30 s; 1,8 cm/s	10 s; 5,5 cm/s
h=40 cm		
L max	75 cm	105 cm
T_{75cm} (s); V_{1-75cm} (cm/s)	33 s; 2,27 cm/s	15 s; 5 cm/s
h=60 cm		
L max	92 cm	130 cm
T_{92cm} (s); V_{1-92cm} (cm/s)	42 s; 2,19 cm/s	16 s; 5,75 cm/s

Tabella 3: Valutazione dell'autocompattazione attraverso L-box modificato.

Per ogni altezza, ma soprattutto per l'altezza più bassa (20 cm), ovvero per basse pendenze, si può notare quanto le lunghezze e le velocità di scorrimento siano estremamente più elevate per un calcestruzzo preparato con un'opportuna combinazione di additivi rispetto ad un classico autocompattante basato sui fini. Tali differenze trovano conferma nel superiore comportamento di velocità e lunghezze di scorrimento all'interno dei casseri costituendo quindi un vantaggio pratico di cantiere.

Schede tecniche

Vengono qui di seguito riportate le schede tecniche degli additivi attualmente in commercio per calcestruzzi autocompattanti fornite dalle ditte produttrici (MAC s.p.a. , Mapei , Sika) che per gran parte ricoprono il mercato dell'additivazione e che rivestono un ruolo importante a livello di ricerca in tale settore. È infatti grazie alla loro continua sperimentazione che si è arrivati oggi a calcestruzzi ad elevate prestazioni.

Ditta	Prodotto	Benefici e Caratteristiche tecniche	Dosaggio	Modalità di impiego	Compatibilità	Confezioni
MAC	GLENIUM STRAM	-agente viscosizzante per la produzione di SCC; -esente da cloruri; -aumento della coesione ed eliminazione del bleeding; -calcestruzzi stabili verso la segregazione e con forte capacità di ritenzione d'acqua; -malta più omogenea con ottima capacità di riempimento delle casseforme; -miscela meno sensibile alle variazioni -	Compreso fra lo 0,3 e 1% sul totale dei fini passanti a 0,125 mm. Dosaggi diversi per specifiche condizioni di cantiere e strutture da realizzare.	Viene aggiunto dopo tutti gli altri componenti della miscela. Proseguire la miscelazione fino ad una completa omogeneità dell'impasto. Da utilizzare insieme alla linea GLENIUM SCC e GLENIUM ACE.	Non è compatibile con gli additivi della linea RHEOBUILD.	Disponibile in taniche da 25 litri, fusti da 208 litri e cisterne da 1000 litri. Conservare a t>5°C. In caso di congelamento riscaldare il prodotto ad almeno 30°C e rimescolare.

Capitolo IV

APPLICAZIONE DELL' SCC

4. INTRODUZIONE

L' SCC è un materiale complesso con interazioni sensibili tra le materie prime. Allo stato attuale, rispetto al tradizionale calcestruzzo, l'SCC è più sensibile e richiede personale più esperto, una più precisa definizione delle proprietà delle materie prime ed una maggiore cura nella produzione e nella spedizione. Inoltre esso richiede una maggiore esperienza e cura nelle operazioni di getto. Queste condizioni richiedono particolare attenzione sugli argomenti che riguardano la garanzia di qualità. Il comportamento del materiale dipende anche dallo sviluppo di nuovi metodi. Questi esistono già, ma ulteriore lavoro è necessario per la loro standardizzazione .

La prestazione più importante della tecnologia SCC è la capacità del calcestruzzo fresco di fluire facilmente durante il getto, di riempire senza alcuna compattazione gli spazi delle casseforme e di incapsulare le armature metalliche senza esibire alcuna segregazione.

Questa importante caratteristica prestazionale della tecnologia è, così, connessa con il processo produttivo. Ciò spiega perché le problematiche legate al processo produttivo, piuttosto che quelle connesse con la qualità del prodotto, siano di primaria importanza per lo sviluppo dell'SCC. Caratteristiche prestazionali supplementari del processo come il tempo disponibile, la capacità di conservare una determinata struttura porosa con microbolle d'aria, ecc, sono importanti. Anche le prestazioni del calcestruzzo indurito in termini di resistenza meccanica, deformazione, durabilità, qualità del facciavista, ecc. sono probabilmente importanti e meritano una comprensione ed una quantificazione.

Nello sviluppo dell'SCC i requisiti prestazionali connessi con il getto sono la base primaria per la progettazione del materiale. Un'importante strumento per raggiungere questo obbiettivo è la reologia delle particelle cementizie in sospensione. Una migliore comprensione della reologia delle sospensioni cementizie ha portato allo sviluppo di prodotti tensio-attivi in forma di additivi, ma anche ad una migliore comprensione della influenza delle proprietà delle particelle fini come per esempio la dimensione, la forma, gli effetti superficiali, ecc..

4.1 MODALITA' DI PRODUZIONE

Il mix-design dell'SCC include nuove materie prime che richiedono nuove considerazioni nel loro processo produttivo. Le proprietà del materiale mostrano caratteristiche non comuni rispetto al calcestruzzo tradizionale.

Queste considerazioni sono molto importanti per il successo dello sviluppo dell'SCC. La tecnologia del processo produttivo è stata anche all'attenzione dell'attuale comitato tecnico RILEM il quale sta cercando di comprendere, e possibilmente di modificare, i processi produttivi per gli specifici SCC e supportare così lo sviluppo tecnologico.

Il mix-design dell'SCC è probabile che debba includere più di un additivo e più di un materiale fine. Ciò richiede l'installazione in molti impianti di strutture per pesare e dosare i materiali. Investimenti di questo tipo sono purtroppo necessari nello sviluppo di molte nuove tecnologie. Installazione temporanee potrebbero ridurre gli investimenti nella fase iniziale, ma il taglio di investimenti nel mix-design potrebbe creare problemi di qualità. La sensibilità del processo, inoltre, richiede in alcuni casi una disponibilità più accurata degli aggregati in forma di frazioni distinte, come anche di un più preciso controllo dell'umidità degli aggregati quando entrano nel miscelatore.

Molta attenzione va posta nella determinazione del contenuto d'acqua degli aggregati. Il calcestruzzo autocompattante è molto sensibile alle variazioni, anche minime, del contenuto d'acqua che ne possono modificare in maniera significativa lo spandimento e, con esso, l'autocompattabilità.

Per questo motivo è importante che l'impianto sia automatizzato e dotato di rilevatori di umidità delle sabbie che, come previsto dalla UNI 11040 , dovranno essere tarati giornalmente.

Variazioni, anche minime, del contenuto di acqua modificano infatti il comportamento reologico del calcestruzzo, anche in maniera significativa.

Per il confezionamento dei calcestruzzi autocompattanti è possibile utilizzare gli stessi impianti utilizzati per la produzione dei calcestruzzi tradizionali.

La produzione di un calcestruzzo autocompattante presso l'impianto di preconfezionamento non presenta particolari difficoltà ma, per il particolare equilibrio che deve esservi tra i componenti e alle caratteristiche che la miscela deve raggiungere, vanno poste particolari attenzione e cura.

Innanzitutto, prima di procedere alla fornitura e al fine di rispettare le qualifiche di laboratorio, è quanto mai opportuna una ulteriore prova di qualifica mediante la produzione in impianto di un impasto con cui verificare l'effettivo ottenimento delle caratteristiche reologiche precedentemente determinate con cura in laboratorio.

Nel caso di impianto privo di mescolatore, il carico dei materiali in autobetoniera può avvenire nel modo tradizionale.

È tuttavia nettamente suggeribile il carico contemporaneo di tutti i componenti, acqua inclusa, al fine di favorire il migliore amalgamo. L'unica eccezione è data dall'importanza di aggiungere l'additivo modificatore di viscosità (viscosizzanti) solo a fine carico.

Anche se il carico dei materiali in autobetoniera può avvenire nel modo tradizionale occorre:

- Nel caso di dosaggio a secco che la sequenza di ingresso dei componenti sia studiata e predeterminata in modo da consentire una corretta miscelazione nell'autobetoniera e impedire la formazione di grumi di conglomerato. L'elevato contenuto di finissimi e l'importanza che essi risultino ben distribuiti nella massa, l'assoluta esigenza di eliminare ogni rischio di segregazione, impongono un tempo di miscelazione prolungato rispetto ad un calcestruzzo tradizionale (almeno 1 minuto con tamburo a pieni giri per ogni m^3 caricato);

- Nel caso di impianto provvisto di mescolatore fisso occorre tenere conto delle caratteristiche del mescolatore in relazione all'elevatissima lavorabilità dell'impasto. Con un mescolatore ad asse orizzontale (sia a singolo che a doppio asse), è opportuno adottare tempi di muscolazione pari a 40-50 secondi. L'ampia bocchetta di scarico di questo tipo di attrezzature suggerisce aperture lente e graduali, per non causare rigurgiti di materiale dalla bocca dell'autobetoniera o dalla tramoggia che convoglia l'impasto dal mescolatore all'autobetoniera. Se l'impianto è munito di mescolatore ad asse verticale di tipo "turbo", è opportuno ridurre il tempo di muscolazione, indicativamente a 15-20 secondi, per evitare che l'azione rotatoria delle pale, coniugata alla elevata lavorabilità, accentui il rischio di segregazione. In tal caso è necessario completare la miscelazione in autobetoniera (almeno 30 secondi per ogni m^3 caricato). In presenza di mescolatore ad asse verticale di tipo "planetario", si proceda come per i calcestruzzi ordinari con una durata del ciclo di muscolazione di circa 30 secondi. In ogni caso, prima di procedere alla fornitura, è consigliabile un ulteriore prova di qualifica in impianto mediante la produzione di un impasto di prova con cui verificare l'ottenimento delle caratteristiche reologiche precedentemente determinate in laboratorio.

Una osservazione generale per il processo produttivo riguarda l'esperienza del personale. Diventeranno molto importanti corsi di istruzione ed aggiornamento, uso dei sensori e controllo elettronico sulle metodologie di prova. Al tempo stesso vi è una necessità perché il processo produttivo dell'SCC, come anche le proprietà del materiale stesso, diventino più tolleranti nei confronti delle variazioni.

4.2 PRODUZIONE IN PREFABBRICAZIONE

L'SCC è stato inizialmente pensato per superare le difficoltà legate alla esecuzione di getti di grandi dimensioni. Ciò malgrado, i calcestruzzi autocompattanti stanno trovando nell'industria della prefabbricazione un utilizzo più diffuso che nell'edilizia convenzionale. Questo successo del calcestruzzo autocompattante nel mondo della prefabbricazione era per certi versi inatteso, in quanto questo settore si è sempre distinto in passato per l'utilizzo di conglomerati caratterizzati dal basso rapporto a/c e lavorabilità non elevata messi in opera grazie all'adozione di potenti sistemi di vibrazione. In realtà, la sempre maggiore attenzione verso le malattie professionali che possono derivare da un'eccessiva esposizione al rumore delle maestranze, nonché la necessità di ridurre notevolmente le emissioni sonore verso l'esterno per rispettare gli stringenti limiti di rumorosità previsti dalle attuali normative, sta portando le imprese di prefabbricazione ad una considerazione dei processi produttivi con l'abbandono della vibrazione e l'utilizzo di conglomerati di tipo SCC. Un ulteriore motivo che sta portando verso questa scelta è, indubbiamente, l'elevata affidabilità di questi sistemi che consente di incrementare il livello e la costanza di qualità dei manufatti sia per quanto attiene alle prestazioni meccaniche che per quanto attiene all'aspetto estetico, sempre importante in un settore in cui la quasi totalità dei manufatti è posta in opera senza alcuna finitura superficiale. Pur se dettata soprattutto da considerazioni di carattere ambientale e di costanza della qualità, la scelta dell'SCC in prefabbricazione comporta innegabili risvolti positivi dal punto di vista economico. In effetti, l'eliminazione della vibrazione consente una riduzione dell'usura dei casseri e delle piste di getto che costituiscono l'investimento di maggior onere per un impianto di prefabbricazione. Inoltre, l'impiego di SCC in prefabbricazione può portare ad un notevole incremento della produttività mediante un utilizzo più razionale della manodopera. Ad esempio in uno stabilimento in cui si producono tegoli TT per coperture, prima di passare all'utilizzo dell'SCC in produzione era stato fatto un confronto, basato su prove di produzione effettuate per periodi di qualche giorno con la nuova tecnologia, fra la produzione eseguita con il calcestruzzo tradizionale e quella conseguente all'uso di un conglomerato autocompattante.

Nel caso di utilizzo di un calcestruzzo ordinario, risultavano necessarie per la produzione di una pista di tegoli 12 ore (4 ore per 3 operai) per la predisposizione della pista e altrettante per il getto e la costipazione. Con l'utilizzo del conglomerato autocompattante, la fase di getto poteva essere affidata ad un solo operaio in grado di gestire due piste nell'arco di una giornata. In definitiva, si è scoperto che con l'aggiunta di due operai (4 anziché 3) risultava possibile predisporre e gettare due piste anziché una con tre operai, con un aumento teorico della produttività di addirittura il 50% in grado di compensare pienamente il maggior costo legato all'utilizzo di un calcestruzzo SCC anziché un calcestruzzo normale. Questi numeri sono già importanti ma sono legati ad un utilizzo "soft" della tecnologia SCC, che prevede una semplice sostituzione dei calcestruzzi ordinari con quelli autocompattanti e l'eliminazione della vibrazione senza intervenire nell'impianto.

Maggiori economie possono, invece, essere ottenute se, in fase di ristrutturazione di un impianto o nel caso in cui se ne debba costruire uno nuovo, questo viene "pensato" per un utilizzo esclusivo dell'SCC.

Solo in questo caso, è possibile sfruttare a pieno i vantaggi derivanti da questa tecnologia innovativa. È possibile, ad esempio, eliminare completamente i banchi vibranti e predisporre casseri meno "robusti" in quanto non devono sopportare le sollecitazioni trasmesse dalla vibrazione. Inoltre la realizzazione di alcuni manufatti come i pannelli di tamponamento, che nella tecnologia tradizionale necessitano di una produzione con casseri orizzontali con notevole occupazione di spazio, può essere condotta, se si fa uso di SCC, mediante utilizzo di casseri verticali con evidente riduzione e razionalizzazione degli spazi. Per quanto riguarda questi ultimi manufatti, l'impiego di calcestruzzi SCC e di getti in verticale preclude, ovviamente, la possibilità di utilizzare la tecnica diffusa del pannello "sandwich" alleggerito con blocchi in polistirolo, in quanto questi ultimi tendono inevitabilmente a galleggiare data l'estrema fluidità del conglomerato in cui sono immersi e comporterebbero non pochi problemi per la loro messa in opera. Occorre pertanto ricorrere a sistemi più moderni e anche più efficaci di isolamento termico come il cosiddetto "taglio termico", con elementi strutturali che separano due pannelli in conglomerato cementizio oppure, se si vuole rimanere nell'ambito di sistemi più economici si può ricorrere all'esecuzione di pannelli pieni mediante l'uso di calcestruzzi SCC alleggeriti con argilla espansa.

Questo tipo di sistema, oltre ad essere relativamente economico e a consentire una elevata rapidità di realizzazione, consente di eliminare i ponti termici costituiti dai cordoli e le fessurazione che si instaurano frequentemente nei punti in cui si realizza una variazione di sezione per il passaggio dalla zona del cordolo a quelle in cui è presente l'elemento di alleggerimento.

Per concludere, un accenno ad un particolare tipo di prefabbricazione, quella che prevede la realizzazione di elementi cavi (tubi o pali) mediante centrifugazione di calcestruzzi asciutti all'interno di casseri posti in rotazione ad elevata velocità.

Questa tecnologia, che risale agli anni '60, comporta la necessità di disporre di un costoso e rumoroso sistema di centrifugazione e di casseri particolari che devono essere frequentemente mantenuti o sostituiti in quanto tendono nel tempo a perdere la simmetria assiale essenziale per la centrifugazione. I risultati ottenuti con questo tipo di tecnologia sono fortemente dipendenti dalle fasi realizzative e, in particolare, dalla composizione del calcestruzzo adottato. Bastano, infatti, piccole oscillazioni nella composizione adottata o il cambiamento della caratteristiche di qualche materia prima per generare fenomeni di segregazione con rifluimento nella parte interna delle frazioni più fini (cemento), che oltre a impoverire di legante la parte esterna del manufatto possono, in casi estremi, portare all'occlusione del foro e, quindi, alla necessità di scartare il manufatto. Con l'utilizzo di calcestruzzi SCC sarebbe possibile eliminare la centrifuga realizzando dei getti in verticale all'interno di speciali casseri doppi in cui il materiale potrebbe essere pompato dal basso per favorire l'espulsione verso l'alto dell'aria, con benefici in merito di compattezza delle pareti e costanza di qualità.

Ovviamente, si tratta di una vera rivoluzione che comporta l'abbandono completo di una tecnologia, pur obsoleta, e ingenti investimenti in un impianto del tutto nuovo.

È evidente che queste operazioni di radicale cambiamento necessitano di più tempo per essere messe in atto, ma è opinione che prima o poi la riconversione delle tecnologie di produzione obsolete in tecnologie più moderne legate all'utilizzo degli SCC cambierà completamente il panorama della prefabbricazione.

TRASPORTO E CONSEGNA

Il trasporto avviene come per un comune calcestruzzo, tenendo conto della tassativa necessità di mantenere costantemente in movimento la betoniera fino al completamento dello scarico. All'arrivo in cantiere è consigliabile una ulteriore muscolazione per 3 minuti. Sembra esserci un andamento verso impianti di betonaggio localizzati in molte aree.

Raramente c'è la necessità di rimpiazzare il miscelatore esistente per partire nella produzione di SCC. Quando si devono fare nuovi investimenti, o quando i vecchi miscelatori devono essere sostituiti in quanto obsoleti, è consigliabile scegliere un modello di miscelatore con la massima efficienza nel mescolare l'SCC.

L'SCC non tollera aggiunte di acqua che stravolgono l'equilibrio dei componenti e ne compromettono caratteristiche e prestazioni.

Solo il tecnologo che lo ha progettato potrà valutare eventuali interventi nella fase di consegna.

Dato che non è possibile correggere in cantiere la miscela di SCC, si deve essere certi che il prodotto soddisfi le caratteristiche progettate ossia che si autocompatti.

4.5 GETTO

Modellazione del flusso

Il getto dell'SCC può essere descritto come un processo che è completamente governato dal flusso del materiale e non è influenzato dalla manualità o da eventi casuali. Sarebbe così possibile modellare il flusso usando un approccio basato sulla meccanica dei fluidi in grado teoricamente di descrivere il riempimento delle casseforme in funzione dei parametri reologici, la configurazione delle casseforme ed i relativi dati geometrici, come anche i dati sulla pressione applicati all'alimentazione del materiale. Questa metodologia sarebbe utile nella programmazione dettagliata e nella ottimizzazione delle operazioni di getto con possibilità di simulare gli effetti delle modifiche dei parametri reologici, della configurazione delle casseforme e della sequenza della operazioni di alimentazione del calcestruzzo all'interno delle casseforme.

Studi interessanti in accordo con queste linee sono stati realizzati usando modelli sviluppati per altre tecnologie come per esempio la geotecnica. Questi studi sono ancora lontani dall'essere applicabili in pratica, ma essi sottolineano le potenzialità per l'automatizzazione ed il controllo di processo che l'SCC potrà offrire in base al suo comportamento come fluido. A lungo termine questo sviluppo sembra in prospettiva molto interessante.

Preparazione

La messa in opera dei calcestruzzi autoscompattante deve essere valutata preventivamente con l'impresa esecutrice dei lavori, date le peculiarità reo logiche e prestazionali di queste miscele. Una volta che, nella formulazione della miscela proposta, si sia tenuto conto di tutte le variabili di cui si è trattato in precedenza, l'impresa deve essere edotta delle implicazioni derivanti dall'uso delle miscele auto compattanti.

Un calcestruzzo auto compattante "sopporta" una caduta libera fina a 5 metri, rispetto ad una caduta molto più limitata di un calcestruzzo ordinario (ca 50 cm): è tuttavia opportuno non abusare di questa caratteristica; può scorrere per un massimo di 15 m. Ove possibile è opportuno inserire tubi getto che accompagnino il calcestruzzo all'interno delle casseforme. In caso di muri di altezza superiore ai 3-4 metri da realizzare in getto monolitico l'inserimento dei tubi getto è raccomandato; si consiglia, inoltre, in tali casi, di determinare la velocità di innalzamento del calcestruzzo in m/h. lo scorrimento laterale massimo, in presenza di armatura metallica in quantità ordinaria, è di circa 10 metri. In presenza di casseri chiusi (es. pilastro, pila, ecc.) la massima altezza di caduta libera del calcestruzzo autocompattante non deve essere superiore ai 2 m per evitare che venga inglobata troppa aria.

Tale lunghezza di scorrimento dipende dalle caratteristiche del calcestruzzo fresco e dalla densità delle armature; scorrimenti maggiori possono portare alla segregazione del calcestruzzo.

Nei getti verticali per limitare l'aria è preferibile pompare il calcestruzzo dal fondo delle casseforme in modo continuo oppure eventualmente immergere il tubo finale della

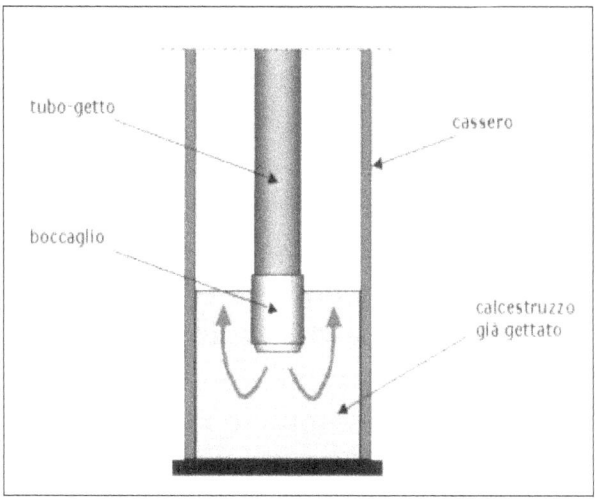

FIG 1: Schema per il pompaggio dal fondo della cassaforma.

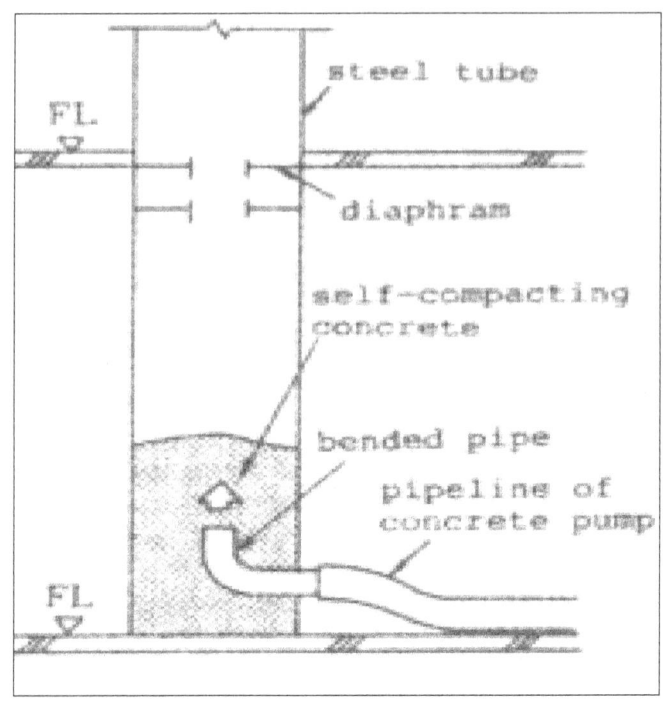

FIG 2: Schema di pompaggio dal basso.

FIG 3: Pompaggio dal basso.

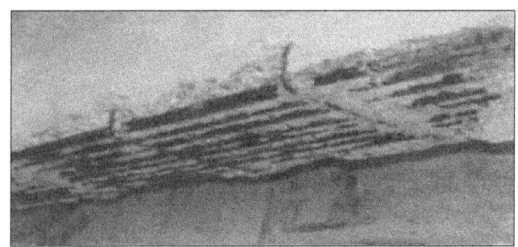

FIG 4: Esempio di riparazione strutturale con SCC

pompa direttamente nel calcestruzzo (fig. 1), tale particolarità oltre a rendere agevole la posa in opera, permette al calcestruzzo che risale lungo i casseri di espellere l'aria che naturalmente si intrappola nella miscela, rendendola ancora più compatta e impermeabile (si deve considerare in questo caso che la pressione esercitata alle casseforme può raddoppiare).

I migliori risultati del calcestruzzo autocompattante "faccia vista" si ottengono mediante pompaggio dal basso (fig. 2, 3).

Casseforme

Il dimensionamento dei casseri (fig. 5 a, b) deve tenere conto dell'elevata spinta idraulica conseguente alla particolare fluidità delle miscele, della massima spinta idrostatica della massa volumica del calcestruzzo, dell'altezza dei casseri e che supporti una spinta maggiore di quella esercitata da un calcestruzzo ordinario ma minore di quella esercitata da un liquido ideale di pari densità (fig. 6).

a b

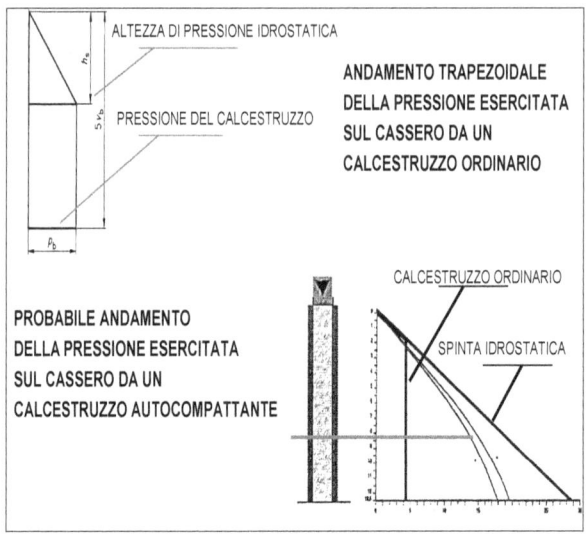

fig. 6: Confronto dell'andamento delle pressioni sul cassero per SCC e cls normale.

Tale spinta dipende essenzialmente dall'altezza dei casseri e, in prima approssimazione e per altezze di casseri fino a 2-2,5 m, può essere assimilabile a quella di un calcestruzzo tradizionale mentre per altezze superiori è consigliabile verificare la portanza dei casseri prendendo come riferimento una spinta idrostatica ed eventualmente provvedere al rinforzo dei casseri (fig. 7).

Secondo studi effettuati in Svezia, attraverso esperimenti su scala reale, l'SCC gettato dall'alto non dovrebbe esercitare sul cassero una pressione maggiore di quella esercitata dai calcestruzzi ordinari.

Studi giapponesi, invece, hanno evidenziato che la pressione esercitata nel getto di un pilastro, caso in cui la velocità di riempimento del cassero è molto è piuttosto elevata, è circa uguale alla pressione idrostatica.

Generalmente si ammette che la pressione laterale indotta sui casseri dall'SCC sia equivalente a quella idrostatica prodotta da un fluido di massa volumica pari a 25 KN/m^3.

fig. 7: Rinforzo delle casseforme con rinforzi adeguati se si superano i tre metri.

Di fondamentale importanza è l'esecuzione del cassero, tale da evitare ogni fuoriuscita di malta la cui perdita, al di là dell'effetto estetico, potrebbe privare alcune parti della miscela di un componente essenziale per l'autocompattazione (fig. 8). A tale riguardo è bene verificare le casseforme in corrispondenza dei giunti e del piede (fig. 9).

Nel caso di strutture verticali la velocità di innalzamento del livello del calcestruzzo in m/h deve essere valutata e comunicata al progettista delle casseforme perché ne tenga conto nel calcolo della spinta (funzione di tale velocità) che le stesse debbono sopportare. Quale valore cautelativo può essere considerata l'intera spinta derivante dal peso del calcestruzzo su tutta l'altezza della struttura.

Nel getto di elementi chiusi e di sezione particolarmente sottile dovranno essere predisposti dei punti di "sfogo" per l'aria.

Per strutture di altezza fina a 3 metri la spinta può essere assunta di poco superiore a quella di un calcestruzzo ordinario.

fig. 8: Perdita di malta.

fig. 9: Rinforzo al piede.

La rimozione dei casseri dovrà avvenire possibilmente un giorno più tardi rispetto al calcestruzzo ordinario o, comunque, quando la struttura ha raggiunto la resistenza richiesta.

È possibile utilizzare i casseri tradizionali, è però necessario controllarne la resistenza alla pressione laterale del calcestruzzo fluido per evitare sganciamenti e rotture.

Vengono riportati alcuni studi effettuati sullo sviluppo delle pressioni sulle casseforme.

1. *Pressione sulle casseforme*

La pressione del calcestruzzo sulla cassaforma è esercitata dal momento del getto fino alla stabilità interna della struttura. Dipende dalla pressione verticale esistente e dal rapporto tra la pressione orizzontale e quella verticale (λ). La pressione sulla cassaforma aumenta all'aumentare del livello del calcestruzzo (pressione verticale rispettiva), l'incremento della pressione va diminuendo nel processo di posa e di solidificazione (riduzione di λ). Per l'SCC durante il tempo di posa λ è circa uno.

Ci sono diversi parametri che influenzano la pressione sulle casseforme (tab. 1):

1° gruppo	2° gruppo	3° gruppo
Velocità di posa	Tempo di solidificazione	Tipo di getto
Densità del calcestruzzo	Additivi aggiunti	Aggregati e loro diametro max
Consistenza del calcestruzzo	Pressione dell'acqua dei pori	Tipo di cemento
Temperatura del calcestruzzo fresco	Disegno delle casseforme	Altezza di posa e altezza totale
	Permeabilità della cassaforma	Costruzione di rinforzi
		Temperatura ambientale

Tabella 1: Parametri che influenzano la pressione sulla cassaforma.

Nel caso dei calcestruzzi normali, per calcolare la pressione sulle casseforme, sono finora disponibili metodi e standard basati su valori empirici e approssimativi, il parametro che influenza maggiormente la pressione è sempre la velocità di getto, usando l'SCC i metodi usati per il calcestruzzo tradizionale non sono più validi.

L'assenza della vibrazione diminuisce la pressione; la consistenza cambiata aumenta i carichi. Un fattore importante oltre la consistenza cambiata è il comportamento durante la posa; esso può essere influenzato dall'uso di superfluidificanti.

Le pubblicazioni note riportano distribuzioni idrostatiche della pressione sulle casseforme assumendo un calcestruzzo come un liquido, ma a volte si osservano riduzioni fino al 50%.

Vennero fatti 11 test su delle colonne snelle (30x30;h=4 m);10 colonne erano rinforzate. Il test fu diviso in tre serie: 1) influenza dell'aumento della velocità di posa, 2) influenza dello slump-flow in interazione con la velocità di posa, 3) compattazione convenzionale ed influenza del rinforzo sulla pressione della cassaforma.

Test	N°	Velocità di posa (livello del calcestruzzo nella cassaforma) v [m/h]	Slump-flow (all'inizio della posa) [cm]	Tempo di spandimento t_{500} [s]
1	1a	12,5	ca. 75	2,5
	2a	25		2
	3a	40		2
	4a	80		2
	5a	160		2,5
2	2b	25	ca. 70	3
	2c	25	ca. 60	5
	3b	40	ca. 70	3
	4c	60	ca. 55	6
3	2b*	25	ca. 70	3
	5r**	160	a=47,5 cm	-

* colonna senza rinforzo;**compattazione con calcestruzzo vibrato

Tabella 2: Sistema dei test 1,2,3.

In tutti i test è stata usata la stessa miscela, è stato solo cambiato trascurabilmente il contenuto di superfluidificante per influenzare lo slump-flow. Il calcestruzzo venne gettato con una caduta libera sopra i 4,3 m

1 m cls fresco	Cls convenzionale	SCC
CEM II 52,5 R	350 kg	350 kg
Ceneri volanti	90 kg	90 kg
Acqua	190 litri	190 litri
SP1	-	6 litri
SP2	6 litri	-
Sabbia 0/2	834 kg	834 kg
Aggregato 2/8	420 kg	420 kg
Aggregato 8/11	465 kg	465 kg

Tabella 3: Mix-design dell'SCC e del calcestruzzo convenzionale.

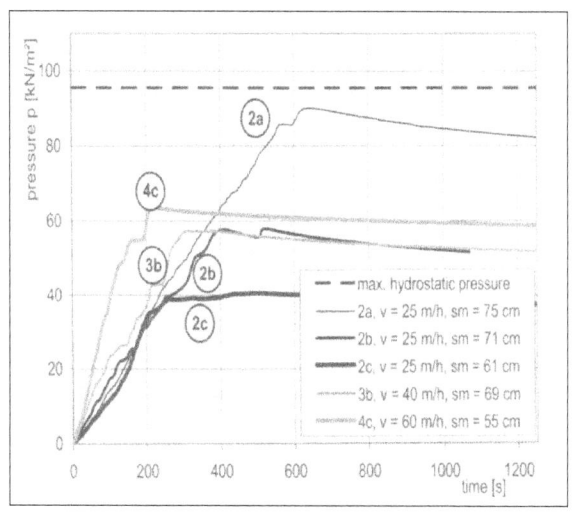

fig. 10: Riduzione delle pressioni massime.

I punti di misurazione furono piazzati ad una distanza di 4 m (M1), 3 m (M2), 2 m (M3) e 1 m (M4) riveriti alla cima della colonna.

Nel test 1 la pressione idrostatica fu determinata in tutti i punti della misurazione. Qui lo slump-flow era approssimativamente 75 cm. Solo per la colonna con un tempo di riempimento di 25 minuti (V=12,5 m/h) fu misurata una riduzione di pressione del 23% circa.

Nel test 2, con una velocità definita di 25 m/h, in relazione con la diminuzione dello slump-flow, fu determinata una riduzione di pressione. Con uno slump-flow di 71 cm, in comparazione con il valore idrostatico, fu osservata una riduzione delle pressioni massime di circa il 40% (colonna 2/2b, M1)(fig. 10). Riducendo lo slump-flow, l'influenza della velocità sulla pressione ha un aumento significativo.

Basandosi sul risultato, fu sviluppata una proposta di calcolo, fondata sulle regolazioni del DIN 18 218 (4). La proposta tiene conto della velocità di posa e del comportamento durante la posa del calcestruzzo fresco, non tiene conto dei rinforzi. L'idea finale è che alla fine della solidificazione λ deve essere $\lambda=0$.

$$\lambda(t)=\lambda_0 (1-t/t_e) \qquad [1]$$

$$p_{max}=(\gamma_b * v * \lambda_0 * t_e)/2 \qquad [2]$$

λ_0 - rapporto fra la pressione orizzontale e la pressione verticale all'inizio della posa; per l'SCC vale circa 1,

t_e - tempo di fine solidificazione,

γ_b – peso per unità di volume del calcestruzzo,

v – incremento di velocità.

L'equazione 1 ci dice che occorre una posa continua dall'inizio del getto fino alla fase di solidificazione. Lo stesso valore per p_{max} è descritto attraverso la funzione 1 integrata rispetto al tempo e calcolata per $t=t_e$ che corrisponde all'equazione lineare. L'SCC normalmente garantisce questa condizione. Inoltre durante la posa dell'SCC possono verificarsi carichi dinamici, per esempio attraverso la caduta del calcestruzzo, è quindi consigliabile l'uso di margini cautelativi (DIN 18 218). Anche la dipendenza di λ dal tempo non è esattamente conosciuta. Perciò viene raccomandata una distribuzione di pressione con un comportamento idrostatico fino al valore della p_{max}, mentre per valori sopra alla pressione massima si mantiene un valore costante fino alla fine della fine della solidificazione (fig. 11). *Distribuzione di pressione raccomandata.*

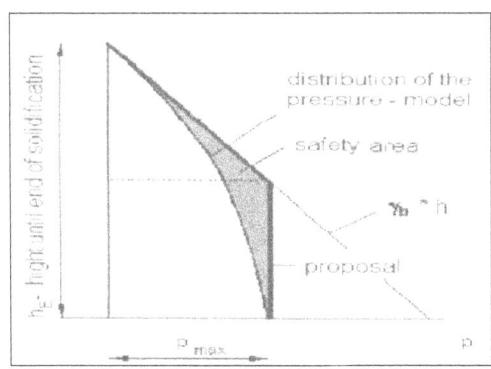

2. *Variazione della pressione sulle casseforme con la tixotropia dell'SCC*

I costi delle casseforme sono molto influenti sul costo totale di realizzazione, specialmente con l'uso di calcestruzzi altamente fluidi, quindi sarebbe di grande interesse una riduzione dei carichi di progetto che influiscono sulla pressione laterale. Le casseforme vengono progettate prudentemente presumendo che l'SCC nel suo stato plastico agisca come un fluido fino al tempo di assestamento, risultando in una pressione idrostatica calcolata come:

$$p_{max} = \rho * g * h$$

le conseguenze di un tale approccio sono l'aumento del costo della cassaforma e la limitazione della spinta massima, alla massima altezza. La determinazione appropriata della pressione laterale esercitata dal calcestruzzo fresco, specialmente con l'uso di SCC, è essenziale per ottimizzare il costo della cassaforma e assicurarne un veloce riempimento.

Dai test eseguiti si nota che immediatamente dopo la riempitura della cassaforma, il calcestruzzo mostra di agire come un fluido che esercita quasi il valore idrostatico di pressione, una diminuzione graduale della pressione laterale ha comunque luogo con il passare del tempo.

Gli sviluppi delle pressioni laterali registrate per le diverse miscele ed il confronto di tali valori con la pressione idrostatica sono riportati nelle figure 12 e 13.

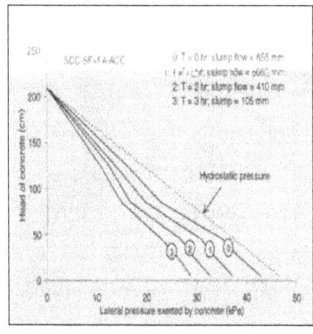 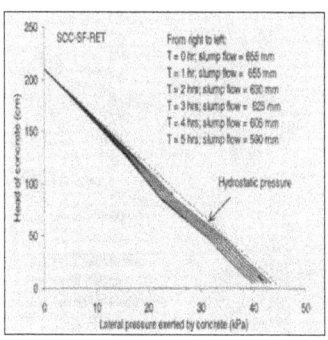

fig. 12.   *fig. 13.*

Il monitoraggio delle pressioni fu fermato una volta che il calcestruzzo aveva raggiunto una consistenza relativa ad uno slump di circa 75 mm.

Si è notato che la riduzione di pressione laterale è indipendente dalla perdita di consistenza, ma piuttosto dovrebbe essere correlata al livello di ristrutturazione del materiale plastico per tixotropia, che implica l'aumento nella frizione interna e nella coesione. Gli indici tixotropici dell'SCC furono determinati in tre intervalli consecutivi di tempo: 0-60, 60-120, 120-180.

Tutte le miscele testate di SCC con slump-flow 640-660 mm, hanno mostrato pressioni laterali iniziali maggiori del 90% della pressione idrostatica.

La caduta della pressione laterale fu differente dipendendo dal tipo di miscela e dal livello di tixotropia.

L'SCC fatto con cemento ternario e con il 19% in più dell'aggregato grossolano mostrava pressione laterale iniziale più bassa del calcestruzzo similare fatto con cemento binario. La caduta della pressione laterale si può attribuire allo sviluppo della coesione che può essere accelerato quando si impiega un accelerante. Con l'uso di un ritardante l'idratazione del cemento viene ritardata e la coesione si sviluppa ad un ritmo più lento, facendo sì che il materiale si comporti per tempi maggiori come un fluido.

Esecuzione dei getti

L'SCC può essere consegnato tramite canala (fig. 14), pompa o benna; i maggiori vantaggi si hanno però se il getto viene effettuato con utilizzo della pompa (rapido e continuo) (fig. 15).

Il pompaggio può essere fatto con le normali pompe . un efficiente pompaggio può essere realizzato attraverso un adeguato bilanciamento tra pressione applicata e la viscosità dell'SCC che deve essere utilizzato. Pompe di nuova generazione potranno essere considerate per specifici SCC ed elaborate per ottimizzare i parametri di pompaggio a seconda dei dati reologici del materiale che si deve produrre

Relativamente alle operazioni di pompaggio esse possono essere effettuate con tubi di diametro 100-125 mm e lunghezza in ogni caso non superiore a 300 m. E' opportuno, infine, tener presente che durante il pompaggio oltre alla perdita di lavorabilità è lecito attendersi una maggiore perdita di pressione (rispetto ai calcestruzzi tradizionali) conseguente all'aumento della velocità del calcestruzzo autocompattante all'interno del tubo forma.

L'aumento della velocità di pompaggio, l'incremento della velocità di posa in opera e la minore viscosità dell'SCC producono, rispetto ai tradizionali calcestruzzi superfluidificanti, un aumento delle spinte laterali sui casseri che, pertanto, debbono essere opportunamente proporzionati. In alcuni casi, con SCC specificamente prescritti, gli effetti tixotropici possono ridurre significativamente la pressione sui casseri.

La velocità di pompaggio, definita come il rapporto dei metri di innalzamento per ora, sarà adeguata al tipo di casseforme in relazione alle dimensioni ed alle condizioni delle gabbie dei ferri.

FIG. 14: Getto con canala per il consolidamento fondazione

FIG 15: Pompaggio dal basso.

Deve essere garantita una facile e sicura accessibilità al punto di scarico, per assicurare la maggiore continuità possibile di alimentazione del getto quindi il mantenimento di un livello di lavorabilità costante e l'assenza di ogni segno di ripresa di getto.

Si devono valutare preliminarmente, in relazione alla forma, dimensione e compattezza dell'armatura e al posizionamento di eventuali inserti, i punti di scarico del calcestruzzo e dell'innalzamento, in metri/ora, del calcestruzzo nelle casseforme.

Il getto del calcestruzzo autocompattante, compatibilmente al limite di scorrimento, deve avvenire preferibilmente da una posizione fissa della pompa o di altro mezzo (canala di scarico dell'autobetoniera o benna) per espellere l'aria inglobata o, comunque, seguendo percorsi di getto lineari. Il cambiamento del punto di getto potrà comunque avvenire per la parte finale dell'opera al fine di favorire l'auto-livellamento del calcestruzzo. In caso di spostamento della posizione di getto, è comunque preferibile che il flusso del calcestruzzo prosegua secondo lo stesso orientamento evitando, per quanto possibile, flussi incrociati.

Seguendo queste istruzioni si minimizza il rischio di formazione di bolle d'aria inglobate durante il getto: queste saranno prevalentemente espulse man mano che il calcestruzzo procede all'interno delle casseforme.

In caso di getti di una certa entità o nel caso di platee armate di grandi volumi, è consigliabile posizionare più pompe o altri mezzi sostitutivi per rispettare i limiti di scorrimento laterale massimo. La superficie del getto dovrà risultare omogenea.

Il procedimento di riempimento, le proprietà dell'SCC, come anche il materiale dei casseri ed il suo trattamento superficiale, hanno una significativa influenza sulla qualità del faccia vista. In condizioni favorevoli le superfici dell'SCC sono persino colorate e con pochi difetti sulla superficie.

L'ottimo aspetto superficiale costituisce una delle caratteristiche specifiche di questo prodotto. La posa in opera dell'SCC dovrà avvenire senza interruzioni di getto e i differenti strati di calcestruzzo saranno gettati in maniera continua prima che lo strato inferiore perda la sua fluidità ed evitare riprese di getto. Per raggiungere tale scopo le autobetoniere non dovranno scaricare il calcestruzzo con tempi superiori ai 15 minuti l'uno dall'altra.

Cura e manutenzione dei getti

La cura e la manutenzione dei getti devono essere pari a quello di un calcestruzzo ordinario.

Si tenga conto che alcune tipologie di filler hanno una leggera azione ritardante sui tempi di presa e di indurimento iniziale, tale da non modificare però i tempi di scassero.

Per quanto alle elevate resistenze a 28 giorni proprie dei calcestruzzi autocompattanti corrispondono anche elevate resistenze alle basse stagionature, la rimozione delle casseforme deve comunque avvenire nel rispetto dei tempi indicati dalle disposizioni normative in vigore o dei maggiori tempi prescritti dalla Direzione Lavori.

Per la scelta dei disarmanti e per la pulizia delle casseforme valgono gli stessi requisiti dei calcestruzzi tradizionali. Per quanto attiene alla stagionatura umida occorre tener presente che il minor quantitativo di acqua di bleeding (rispetto ai calcestruzzi tradizionali) può determinare un più rapido essiccamento del calcestruzzo autocompattante. Pertanto, nel caso siano richieste delle operazioni di finitura superficiali è necessario mantenere accuratamente umida la superficie o proteggerla con agenti stagionanti. Ovviamente, la stagionatura umida della superficie dei getti è operazione fondamentale per garantire il conseguimento di una "pelle" impermeabile e resistente agli agenti aggressivi ambientali.

Nel caso di platee armate o fondazioni dal rapporto superficie/volume elevato, si consiglia di proteggere il getto (teli di plastica, tessuto non tessuto umido, acqua nebulizzata).

CONTROLLO IN CANTIERE

In merito ai controlli in cantiere, la norma consiglia di effettuare il controllo della qualità del calcestruzzo fresco allo scarico dal mezzo, e di rifiutare le forniture di calcestruzzo se nella verifica allo scarico risultano non conformi ai valori di riferimento. Il controllo di qualità segue le stesse regole del calcestruzzo tradizionale: prelevamento dei campioni di calcestruzzo per la verifica della resistenza a

	Metodi di prova	Frequenza o numero delle prove	Numero di accettazione	Scostamento massimo ammesso dei singoli risultati di prova dalle tolleranze del valore di riferimento	
				Limite inferiore	Limite superiore
Campionamento	UNI EN 1	- ogni mezzo di trasporto fino alla stabilizzazione della qualità, successivament			

	2350-1	e ogni 3 partite (senza anomalie) - in produzione continua (senza anomalie) come da prospetto 13 della UNI EN 206-1			
Ispezione visiva del calcestruzzo	UNI 11041	- ad ogni prelievo	Valutazione qualitativa della segregazione e della sedimentazione		
Spandimento	UNI 11041	- ad ogni prelievo	Vedere tabella 2	-50 mm	+50 mm
Massa volumica	UNI EN 12350-6	-ad ogni prelievo	Vedere tabella 2	-1,5 %	+1,5 %

Temperatura del calcestruzzo		Se richiesto o per variazioni nelle proprietà dei costituenti o nelle condizioni termoigrometriche		+5 °C	+35 °C
Contenuto d'aria	UNI EN 12350-7	Se richiesto ad ogni prelievo per le resistenze meccaniche	Vedere tabella 2	-0,5 %	+1 %
Tempo di efflusso	UNI 11104 2	Verifica iniziale, successivamente con frequenza da definirsi fra le parti	Vedere tabella 2		+5 s
Segregazione	UNI 11104 2	Verifica iniziale, successivamente con frequenza da definirsi fra le parti	Vedere tabella 2		+3 s rispetto al tempo di efflusso

Scorrimento confinato (anello a J)	UNI 11045	In alternativa al tempo di efflusso e della segregazione. Verifica iniziale, successivamente con frequenza da definirsi tra le parti	Vedere tabella 2	-50 mm rispetto al valore di spandimento di riferimento	
Composizione del calcestruzzo fresco	UNI 16393	All'inizio dei lavori e poi ogni 200 m³ di produzione			
Contenuto in cloruri	*)	All'inizio dei lavori e nel caso di variazione della composizione o dei costituenti il calcestruzzo			No risultati superiori al limite
*) in assenza di uno specifico metodo di prova, si può fare riferimento alla UNI EN 1015-17					

Tabella 4: conformità per proprietà del calcestruzzo fresco autocompattante (da UNI 11040).

compressione, determinazione eventuale della massa volumica e del contenuto d'aria. Nelle tabelle 4 e 5 sono specificati i termini di confronto e la frequenza delle prove.

AQL (livelli di qualità accettabili)=15% Numerosità dei risultati di prova	Numero di accettazione
1-2	0
3-4	1
5-7	2
8-12	3
13-19	4
29-31	5

Tabella 5: numeri di accettazione per i criteri di conformità delle caratteristiche del calcestruzzo fresco autocompattante (da UNI 11040).

Per la verifica in cantiere delle condizioni minime di autocompattabilità, per quanto non esaustiva, si devono comunque sempre effettuare le prove dello:

- Slump-flow
- V-funnel
- J-ring

Il controllo della fluidità in cantiere può essere effettuato, oltre che con i tradizionali metodi sopra elencati, mediante una apposita attrezzatura (fig. 16, 17), nella quale sono presenti barre d'acciaio che simulano le armature della struttura, attraverso le quali il calcestruzzo all'uscita dalla betoniera fluisce prima di essere inviato alla pompa e viene osservato per rilevare eventuale formazione di grumi o presenza di segregazione che porterebbero ad una modifica della miscela prima dell'esecuzione del getto.

Rispetto ad un calcestruzzo normale, dove è sufficiente un solo operatore per predisporre i cubetti ed effettuare la prova di Abrams con il cono, la verifica dell'SCC richiede almeno due tecnici per effettuare le prove previste. Alcuni strumenti peraltro, V-funnel, U-box e L-box, sono ingombranti e la loro gestione richiede un certo sforzo fisico.

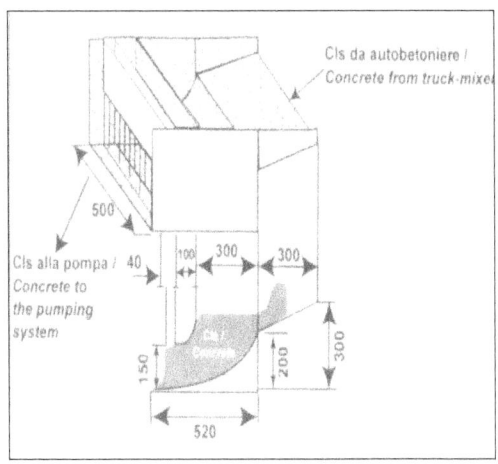

fig. 16: Attrezzatura per il controllo di accettazione in cantiere dell' SCC.

fig. 17: Controllo in cantiere.

In conclusione, possiamo capire, come non esista un unico calcestruzzo autocompattante ma come questo prodotto debba essere personalizzato per le diverse esigenze di cantiere, individuando le proprietà caratterizzanti volta per volta e, quindi, le prescrizioni a cui rispondere.

VALUTAZIONE DEI COSTI (SCC-cls tradizionale)

Da quanto è stato studiato appare evidente che l'SCC è tecnologicamente vantaggioso; tuttavia, la domanda che ci si può porre è se il suo utilizzo sia conveniente anche dal punto di vista economico. L'SCC infatti, è più costoso di un calcestruzzo ordinario, per maggior costo delle materie prime, dei processi di studio, verifica, produzione e controllo oltre che dell'assistenza tecnologica in cantiere.

Il costo (al m^3 di calcestruzzo) per un impresa che deve realizzare un opera con tale materiale, è dato, da un lato, dal costo del materiale in se, dall'altro dai costi fissi e dai costi variabili.

La variabile tempo è inclusa nei costi fissi e nei m^3 di calcestruzzo gettati, infatti se si gettano maggiori quantità in minor tempo (come avviene con l'SCC) diminuiscono i tempi di esecuzione dell'opera e conseguentemente anche i costi fissi del cantiere.

Nei costi fissi sono comprese le spese generali del cantiere, fra cui le opere provvisorie ed il personale fisso, i costi di progetto, i costi di assicurazione e finanziari e le spese generali di sede dell'impresa allocate al cantiere.

Nei costi variabili sono compresi la manodopera e le attrezzature necessarie a realizzare i getti.

Una analisi sperimentale sui costi variabili eseguita su una realizzazione reale ha riscontrato che il costo del lavoro eseguito con SCC è risultato inferiore del 9% a quello che si sarebbe sostenuto eseguendo il lavoro con calcestruzzo tradizionale (il costo del rinforzo dei casseri è stato incluso nei costi variabili). Notevole è stato anche il risparmio di tempo, da 67 a 17 giorni, nella realizzazione dell'opera, oltre che i benefici tecnologici legati alla facilità di posa in opera e all'ottima riuscita della struttura.

VALUTAZIONE DEI COSTI VARIABILI E FISSI							
	Cls. tradizionale		SCC		Variazione		
COSTI	Valore						
	€*/1000	€/mc	€*/1000	€/mc	€*/1000	€/mc	%
FISSI	217	18	173	14	-44	-4	-20
VARIABILI	542	45	194	16	-348	-29	-64
MATERIALE	713	60	930	77	217	17	31

TOTALE	1472	123	1297	108	175	-15	-1

L' analisi tecnico – economica realizzata permette di trarre le seguenti conclusioni:

- La convenienza economica dipende dal tipo di dimensione di cantiere e varia tra il 6 e il 15 % dei costi totali relativi al calcestruzzo;
- Per cantieri di medie e grandi dimensioni la convenienza aumenta perché oltre al risparmio nei costi variabili si ha anche il risparmio nei costi fissi derivante dalla riduzione del tempo;
- Alla convenienza economica vanno aggiunti altri vantaggi relativi a: la durabilità e affidabilità del materiale, migliori condizioni di sicurezza degli operai, risparmio sui cosiddetti costi della "non qualità"

Oltre a questi vantaggi si sommano quelli economici per l'impresa.

4.6 SCC NELLA PREFABBRICAZIONE

Baraclit s.p.a.

La Baraclit s.p.a., che ha sede a Bibbiena (Ar), è una azienda leader nella prefabbricazione di qualità in Italia. Lavorando in collaborazione con la MAC s.p.a. ha messo a punto una miscela per l'utilizzo di SCC nel sistema di produzione con il quale vengono prodotti travi ad H, travi a T, solai, pilastri, pannelli ecc.. per la prefabbricazione l'utilizzo di SCC rappresenta una svolta importante perché oltre al risparmio energetico per l'eliminazione della vibrazione, permette un notevole risparmio nei tempi di produzione il che porta ad una maggiore produttività ma soprattutto garantisce ottimi facciavista che sono alla base di un buon prodotto prefabbricato in quanto questo nella maggior parte dei casi viene messo in opera senza trattamenti superficiali.

La MAC s.p.a. ha sperimentato e messo a punto per la Baraclit, nei laboratori di Treviso, la miscela di SCC (tabella 8).

Sabbia Terziani	1020 kg/mc
Ghiaia Terziani	630 kg/mc
Filler M.G.	120 kg/mc
Cem. Colacem Rassina 52,5 i	410 kg/mc
Glenium ACE 40	3,5 lt/mc
Acqua Tot.	185 lt/mc
Slump flow	75 cm
MV eff.	2430 kg/mc
Resistenza 17 ore (stessa maturazione del cassero)	38,5 MPa

Tabella 8: Rck 55 D.MAX 20mm contenuto di fini minore 0,125mm 570 kg/mc .

A Treviso è stato evidenziato che l'impasto privo dell'inerte intermedio permette uno spandimento maggiore rispetto al suo utilizzo (mantenendo naturalmente il calcestruzzo coeso), aspetto questo fondamentale per la realizzazione di un'autocompattante, infatti l'esperienza ha dimostrato che lo spandimento minimo necessario per eliminare la vibrazione debba essere circa 70 cm, valori inferiori (55-65 cm) possono dar luogo alla formazione di bolle sul facciavista. I getti si sono susseguiti senza interruzione, i casseri sono stati così riempiti rapidamente senza la ben che minima vibrazione, il nuovo Glenium ACE 40 si è dimostrato "docile" ha permesso cioè un ottima scorrevolezza del calcestruzzo, un alto grado di coesività nonostante l'elevato flow e capace di tollerare variazioni minime della quantità di acqua inevitabili in produzione .

Sommario

CAPITOLO I 6

L' EVOLUZIONE DEL CALCESTRUZZO 6

DURABILITA' 6
1.1.1 IL CONCETTO DI DURABILITÀ 6
   1.1.2 Le cause del degrado 7
EVOLUZIONE DELLA LAVORABILITA' 9
1.2.1 INTRODUZIONE 9
   1.2.2 Evoluzione della normativa 9
   1.2.3 Il costo della negligenza 12
   1.2.4 Ricerca della lavorabilità estrema 15
1.3 STORIA E SVILUPPO DELL SCC IN"GIAPPONE".19
   1.3.1 Introduzione 19
   1.3.2 Convegni mondiali 21
   1.3.4 Metodi per ottenere l'autocompattabilità 23
   1.3.5 Applicazioni presso grandi compagnie di costruzione 25
   1.3.6 Un nuovo sistema di costruzione 26

CAPITOLO II 27

PPROGETTAZIONE DELLE MISCELE 27

(CONTROLLO DELL'SCC) 27

2. L'SCC 27
2.1. DEFINIZIONI 33
2.1.1. REOLOGIA 35
   Il cemento *39*
   Le pozzolane ed i filler calcarei *39*
   Gli additivi *40*
   Gli additivi modificatori di viscosità *41*
2.2.1 METODI DI MISURA (CARATTERISTICHE REOLOGICHE DEGLI SCC) 45
   Introduzione *45*
   Le norme UNI *46*
   Viscosimetri *55*
   Slump-flow test *57*
   V-funnel test *67*
   U-box test *71*
   L-box test *76*
   J-ring test *80*
2.3. L'AUTOCOMPATTAZIONE 83
   2.3.1 Il grado di compattazione *85*
   2.4. PROPRIETA' ALLO STATO INDURITO (confronto con cls tradizionale) *88*
   Confronto fra SCC e calcestruzzi ordinari *90*
   PROPORZIONAMENTO DEGLI SCC *95*
2.5 ESEMPIO DI CALCOLO 100
   Capitolo III *102*
   MATERIALI COMPONENTI DELL'SCC *102*
   3. INTRODUZIONE *102*
   3.1 CEMENTO *103*
   3.2 AGGIUNTE *104*

3.3 I filler 106
La cenere volante (fly-ash) 119
Il fumo di silice 124
3.4 AGGREGATI 133
Introduzione 133
Gli inerti fini 133
Gli Inerti grossi 136
Inerti da calcestruzzo reciclato e scarti di demolizione
.... 137
Inerte di scoria d'acciaio 137
3.5 ADDITIVI 139
Introduzione 140
Additivi riduttori d'acqua: i fluidificanti, i
superfluidificanti e gli iperfluidificanti 144
3.7 ADDITIVI SUPEFLUIDIFICANTI A RILASCIO
PROGRESSIVO 158
Additivi aeranti 161
Additivi modificatori di viscosità (VMA) 164
Schede tecniche 169
Capitolo IV 171
APPLICAZIONE DELL' SCC 171
4. INTRODUZIONE 171
4.1 MODALITA' DI PRODUZIONE 173
4.2 PRODUZIONE IN PREFABBRICAZIONE 176
TRASPORTO E CONSEGNA 181
4.5 GETTO 182
Modellazione del flusso 182
Preparazione 183
Casseforme 188

Esecuzione dei getti...*205*
Cura e manutenzione dei getti.......................................*209*
CONTROLLO IN CANTIERE..*211*
VALUTAZIONE DEI COSTI (SCC-cls tradizionale)...*219*
4.6 SCC NELLA PREFABBRICAZIONE....................*221*
Baraclit s.p.a...*222*

RIFERIMENTI BIBLIOGRAFICI

V. Alunno Rossetti: *Il calcestruzzo - Materiali e tecnologia* —ed. McGraw-Hill

The 3rd International Symposium on SCC 17/20 August 2003- ICELAND The 2nd International Symposium on SCC October 2001-TOKIO

The 1^{rst} International Symposium on SCC September 1999- STOCCOLMA ACI (American Concrete Institute) Materials Journal - periodico: estratti vari

In Concreto - periodico ATECAP: estratti vari L'Industria Italiana del Cemento - periodico AITEC: estratti vari

Cement and Concrete Research - periodico: estratti vari

Concrete Precasting Plant and Technology -periodico: estratti vari

Beton - periodico: estratti vari Materials and Structures - periodico: estratti vari

In Beton - periodico: estratti vari

Enco Journal- periodico: estratti vari

Tecnologie & Prodotti –periodico: estratti vari

M. Collepardi: Scienza e tecnologia del calcestruzzo — ed. Hoepli

Schede tecniche dei prodotti, cataloghi generali forniti dalla ditta MAC

Schede tecniche dei prodotti, cataloghi generali forniti dalla ditta MAPEI, Schede tecniche dei prodotti, cataloghi generali forniti dalla ditta SIKA, UNI 11040: Calcestruzzo autocompattante; specifiche, caratteristiche e controlli

UNI 11041: Prova sul calcestruzzo autocompattante fresco; determinazione dello spandimento e del tempo di spandimento

UNI 11042: Prova sul calcestruzzo autocompattante fresco; determinazione del tempo di efflusso dall'imbuto

UNI 11043: Prova sul calcestruzzo autocompattante fresco; determinazione dello scorrimento confinato mediante scatola ad L ,

UNI 11044: Prova sul calcestruzzo autocompattante fresco; determinazione dello scorrimento confinato mediante scatola ad L

UNI 11045: Prova sul calcestruzzo autocompattante fresco; determinazione dello scorrimento confinato mediante anello a J

www.ingramcontent.com/pod-product-compliance
Lightning Source LLC
Chambersburg PA
CBHW060831170526
45158CB00001B/132